HARMONIA LIBERTADORA

HARMONIA LIBERTADORA

Vencendo a Pornografia Com Ciência e Espiritualidade

EDER G. COSTA

Dados Internacionais de Catalogação na Publicação (CIP)
(Câmara Brasileira do Livro, SP, Brasil)

```
Costa, Eder G.
   Harmonia libertadora : vencendo a pornografia
com ciência e espiritualidade / Eder G. Costa. --
1. ed. -- Guarujá, SP : Ed. do Autor, 2024.

   ISBN 978-65-01-09455-7

   1. Ciência 2. Espiritualidade 3. Neurociência
4. Pornografia 5. Programação neurolinguística
6. Psicologia positiva 7. Teologia bíblica
I. Título.

24-217222                                    CDD-215
```

Índices para catálogo sistemático:

1. Ciência e espiritualidade   215

Aline Graziele Benitez - Bibliotecária - CRB-1/3129

Sumário

Sobre o Autor

Meu nome é Eder G. Costa e trago mais de 20 anos de experiência transformadora como pastor, psicoterapeuta e educador teológico. Sou o Fundador e Diretor Geral da Faculdade FAETEO, onde tenho contribuído para a formação de líderes espirituais, missionários, evangelistas, capelães e ajudado muitos no desenvolvimento humano, alcançando uma melhor qualidade de vida em sua saúde espiritual, mental e emocional.

Minha formação acadêmica inclui um Bacharelado em Teologia, Licenciatura em História, Especialização em Ciências da Religião, Mestrado em Teologia e dois Doutorados em Teologia, além do Título Honorífico de Doutor em Divindade.

Sou também Professional & Self Coach, Leader Coach, Analista Comportamental, Life Coach e Especialista em Coaching Ericksoniano, certificado pelo renomado IBC - Instituto Brasileiro de Coaching.

Saiba mais em: www.edergcosta.com.br

Preâmbulo

A inspiração para "Harmonia Libertadora: Vencendo a Pornografia com Ciência e Espiritualidade" surgiu da profunda observação e experiência com os desafios devastadores do vício em pornografia. Em minha trajetória, testemunhei como esse vício pode prejudicar vidas de maneira significativa, afetando profundamente os relacionamentos interpessoais e minando a autoestima, resultando em um ciclo de vergonha, isolamento e desespero.

Cada pessoa que luta contra o vício enfrenta uma batalha interna que muitas vezes é invisível para o mundo exterior. Homens e mulheres de todas as idades e origens lutam em silêncio, buscando desesperadamente uma saída desse ciclo vicioso. Essas histórias de luta e resiliência inspiraram a criação deste livro, com a esperança de oferecer uma luz no fim do túnel para aqueles que estão lutando.

Este livro foi escrito com o objetivo de fornecer uma solução completa e prática para aqueles que buscam a recuperação. A combinação da sabedoria da neurociência, as técnicas transformadoras da (PNL) Programação Neurolinguística, os princípios edificantes da psicologia positiva e a força espiritual da teologia bíblica-cristã formam a base deste trabalho. Esses elementos foram escolhidos não apenas por sua eficácia individual, mas pela forma como se complementam, proporcionando um caminho integrado e holístico para a cura e transformação.

A neurociência nos oferece uma compreensão profunda dos mecanismos do vício, revelando como o cérebro é afetado e como pode ser reprogramado para apoiar comportamentos saudáveis. As técnicas de PNL permitem a reconfiguração de padrões de pensamento e comportamento, ajudando as pessoas a desenvolver novas maneiras de responder aos gatilhos do vício. A psicologia positiva foca no fortalecimento das qualidades humanas, como a resiliência, a gratidão e o otimismo, elementos essenciais para sustentar a recuperação a longo prazo.

A espiritualidade, especialmente através da teologia bíblica-cristã, proporciona conforto, esperança e um senso de propósito maior. A fé oferece um ancoradouro seguro, um lugar onde se pode encontrar perdão, graça e renovação. Acreditar em algo maior do que nós mesmos pode ser uma fonte poderosa de força e motivação, ajudando a enfrentar os desafios da recuperação com um coração renovado e cheio de esperança.

Foi essa convicção, de que a verdadeira recuperação exige mais do que uma única abordagem, que me motivou a escrever este livro. A união entre ciência e espiritualidade representa um compromisso com a totalidade do ser humano – mente, corpo e espírito. Meu desejo é que cada leitor encontre aqui não apenas conhecimento, mas também ferramentas práticas e um apoio emocional e espiritual que facilitem sua jornada de recuperação.

Espero que "Harmonia Libertadora: Vencendo a Pornografia com Ciência e Espiritualidade" possa ser um guia fiel e uma fonte constante de inspiração para todos aqueles que buscam superar o vício. Que você encontre nas páginas deste livro o suporte necessário para transformar sua vida, restaurar seus relacionamentos e redescobrir seu valor e propósito. Que esta obra seja uma ponte para uma vida de liberdade, harmonia e realização.

Agradecimento aos Apoiadores

Gostaria de expressar minha profunda gratidão a todos que me apoiaram durante a jornada de escrita deste livro. Sua fé inabalável em mim e seu encorajamento constante foram a força motriz por trás deste trabalho. Talvez, você seja uma dessas pessoas.

Cada palavra de incentivo, cada gesto de apoio, cada momento de orientação contribuiu para a realização deste livro. Vocês iluminaram o caminho quando a estrada parecia escura e incerta.

Agradeço especialmente àqueles que me deram feedback construtivo, que me desafiaram a ir além dos meus limites e a explorar novas perspectivas. Vocês me ajudaram a crescer não apenas como escritor, mas também como pessoa.

A todos vocês que estiveram comigo nesta jornada, que compartilharam minhas lutas e celebraram minhas vitórias, meu sincero obrigado. Este livro é um testemunho do poder da nossa comunidade, da força do nosso apoio mútuo e da profundidade do nosso compromisso com a liberdade e a cura.

Mensagem de Esperança

Para você que está lendo este livro e lutando contra o vício em pornografia, quero dizer que há esperança. A recuperação é possível, e você não está sozinho nesta jornada. Cada passo que você dá, por menor que seja, é um progresso. Acredite na sua capacidade de mudar e no poder de transformar sua vida.

O vício pode parecer uma batalha insuperável, mas a verdade é que a recuperação está ao seu alcance. A estrada pode ser longa e cheia de desafios, mas cada desafio enfrentado é uma oportunidade de crescimento. Com determinação, apoio e as estratégias certas, você pode alcançar a liberdade e viver uma vida plena e satisfatória. Nunca subestime o poder da esperança e da perseverança.

O caminho para a recuperação é feito de pequenos passos, e cada um deles é importante. Celebre suas vitórias, por menores que sejam, e mantenha-se firme nos momentos difíceis. Lembre-se de que cada dia é uma nova chance de recomeçar, e cada momento é uma oportunidade para fazer escolhas que o aproximem da vida que você deseja.

Você tem dentro de si a força necessária para superar qualquer obstáculo. Confie em si mesmo e nas ferramentas que você adquiriu ao longo deste livro. Encontre apoio em sua família, amigos e comunidade, e nunca hesite em buscar ajuda quando precisar. Juntos, somos mais fortes, e a jornada de recuperação pode ser mais leve quando compartilhada com aqueles que nos amam e nos apoiam.

Se você se sentir desencorajado, creia que a mudança é possível e de que você também pode encontrar a força para vencer. A jornada de recuperação não é uma linha reta; haverá altos e baixos, mas cada obstáculo superado fortalece sua resiliência e o aproxima de uma vida livre do vício.

Envolva-se nas práticas espirituais discutidas, encontre conforto na oração e meditação, e deixe a sua fé guiar seus passos. A espiritualidade oferece um suporte inestimável, proporcionando paz e um senso de propósito que pode sustentar você nos momentos mais desafiadores.

Que este livro seja uma fonte constante de inspiração e encorajamento. Que você encontre nele as respostas e o suporte que precisa para seguir em frente, sempre com esperança e determinação. Acredite: a recuperação é possível, e você merece viver uma vida de harmonia e liberdade.

Dedicação Especial

Este livro é dedicado ao Espírito Santo, a fonte de toda sabedoria, força e conforto. Foi através da Sua inspiração que encontrei a coragem e a determinação para escrever este livro. Sua presença constante iluminou o caminho e proporcionou a clareza necessária para abordar um tema tão complexo e sensível como o vício em pornografia.

O Espírito Santo tem sido um guia e um consolador em cada etapa deste projeto. Em momentos de dúvida, encontrei clareza; em momentos de cansaço, encontrei renovação; em momentos de desânimo, encontrei encorajamento. Através Dele, as palavras deste livro ganharam vida, com o objetivo de trazer cura e transformação a todos que o leem.

Jesus nos prometeu: "Mas o Consolador, o Espírito Santo, que o Pai enviará em meu nome, esse ensinará a vocês todas as coisas e fará com que se lembrem de tudo o que eu lhes disse." - João: capítulo 14, versículo 26. Esta promessa tem sido uma âncora de fé e esperança ao longo deste trabalho, lembrando-me constantemente que não estou sozinho nesta missão.

Dedico este trabalho ao Espírito Santo com profunda gratidão e reverência, sabendo que é através Dele que encontramos a verdadeira cura e transformação. Que a luz do Espírito Santo continue a guiar e a iluminar todos aqueles que buscam a recuperação e a renovação de suas vidas. Que Sua graça e amor infundam cada palavra deste livro, tocando os corações e transformando as vidas daqueles que o leem.

Mensagem Pessoal

A todos os leitores, quero expressar minha mais profunda gratidão por embarcarem nesta jornada de transformação comigo. Escrever este livro foi um ato de fé e esperança, e saber que ele pode ajudar a transformar vidas é a maior recompensa que eu poderia desejar.

Lembre-se de que a recuperação é uma jornada contínua, e cada dia é uma nova oportunidade para crescer e melhorar. Continue aplicando as práticas e estratégias discutidas neste livro e nunca perca de vista a luz da esperança. Você é capaz de superar qualquer desafio e de viver uma vida plena e satisfatória.

Acredito firmemente no poder da transformação. Cada pequeno passo que você dá em direção à recuperação é significativo. Encontre força nas pequenas vitórias diárias e permita-se celebrar cada progresso. Quando os desafios parecerem insuperáveis, lembre-se de que a perseverança é a chave e que você não está sozinho nesta jornada.

Desejo a você paz, força e renovação. Que sua jornada de recuperação seja abençoada e que você encontre a plenitude e a alegria que merece. Continue avançando, um dia de cada vez, com a certeza de que a liberdade e a harmonia estão ao seu alcance.

Introdução

Vivemos em uma era onde a internet e a tecnologia digital são parte integrante do nosso dia a dia, trazendo inúmeras vantagens, mas também desafios significativos. Um desses desafios é o vício em pornografia, uma questão que afeta milhões de pessoas em todo o mundo, independentemente de idade, gênero ou classe social. A facilidade de acesso e a disponibilidade constante de conteúdo pornográfico têm levado a um aumento alarmante no número de pessoas que desenvolvem comportamentos compulsivos relacionados ao consumo de pornografia.

O vício não é apenas uma questão de excesso de consumo; trata-se de uma condição que pode ter profundas implicações psicológicas, emocionais e sociais. Este vício pode deteriorar relacionamentos, diminuir a autoestima, causar disfunções sexuais e interferir no desempenho profissional e acadêmico. A necessidade de abordar esta questão com seriedade e comprometimento nunca foi tão urgente.

Neste contexto, o livro "Harmonia Libertadora: Vencendo a Pornografia com Ciência e Espiritualidade" surge como um guia abrangente e acessível para aqueles que buscam superar este vício. Nosso objetivo é oferecer uma abordagem holística que combina ciência e espiritualidade, proporcionando ferramentas práticas e insights profundos para ajudar os leitores a recuperar o controle de suas vidas.

Este livro não se limita a apresentar informações teóricas; ele foi cuidadosamente elaborado para ser um manual prático que acompanha o leitor em cada etapa do processo de recuperação. Desde a compreensão dos mecanismos do vício, passando pelas intervenções psicológicas e comportamentais, até a integração de práticas espirituais, cada capítulo foi desenhado para oferecer suporte integral ao leitor.

Ao longo dos capítulos, vamos explorar cada um desses aspectos com profundidade, oferecendo um caminho claro e estruturado para aqueles que desejam vencer o vício em pornografia. Este é mais do que um livro; é um convite para uma jornada de transformação e renascimento, onde ciência e espiritualidade se encontram para proporcionar uma vida de harmonia e liberdade.

Importância de Uma Abordagem Multidisciplinar

A luta contra o vício em pornografia é complexa e exige uma abordagem que vá além de uma única disciplina ou método. É aqui que reside a importância de uma abordagem multidisciplinar, que combina diferentes áreas de conhecimento e práticas para oferecer uma solução mais abrangente e eficaz.

Compreender como o vício afeta o cérebro é crucial. A neurociência nos fornece insights sobre os mecanismos biológicos e químicos subjacentes ao vício, incluindo o papel da dopamina e do sistema de recompensa. Este conhecimento é fundamental para desenvolver estratégias que visem reverter os danos e reprogramar o cérebro.

A espiritualidade oferece uma perspectiva única e profunda sobre o vício. A teologia bíblica-cristã nos ensina sobre o poder da fé, o perdão, a graça e a redenção. Estas lições espirituais não apenas fornecem conforto e esperança, mas também promovem uma transformação interior que pode sustentar a recuperação a longo prazo.

A PNL oferece técnicas práticas para mudar padrões de pensamento e comportamento. Aplicada ao vício, a PNL pode ajudar a reprogramar a mente para responder de maneira diferente aos gatilhos e tentações, fortalecendo o controle sobre os impulsos.

A psicologia positiva é um campo da psicologia que se concentra no estudo das qualidades e aspectos que funcionam bem na vida das pessoas, promovendo o bem-estar e a felicidade. Esta área foca no desenvolvimento de qualidades positivas como otimismo, gratidão e resiliência. Ao cultivar essas características, a psicologia positiva pode ajudar a construir uma mentalidade forte e positiva, essencial para superar o vício e manter a recuperação.

Além dessas, a nutrição, o exercício físico e a regulação do ciclo circadiano também desempenham papéis significativos na recuperação. A nutrição adequada pode melhorar a saúde cerebral e emocional, enquanto o exercício físico libera endorfinas que melhoram o humor e reduzem o estresse. Manter um ciclo circadiano regular garante um sono de qualidade, essencial para a recuperação mental e física.

A combinação dessas diferentes abordagens é justificada pela natureza multifacetada do vício em pornografia. Cada disciplina contribui com um conjunto único de ferramentas e insights que, quando integrados, oferecem um suporte mais robusto e eficaz. Por exemplo, enquanto a neurociência explica os mecanismos do vício, a teologia oferece suporte espiritual e moral, a PNL fornece técnicas de reprogramação mental, e a psicologia positiva fortalece as qualidades pessoais que sustentam a recuperação.

As diferentes áreas de conhecimento se complementam de várias maneiras: A ciência pode explicar o "como" do vício, enquanto a espiritualidade aborda o "porquê". Juntas, elas oferecem uma visão completa que aborda tanto os aspectos biológicos quanto os emocionais e espirituais do vício. Técnicas práticas da PNL e exercícios de psicologia positiva proporcionam ferramentas diárias para lidar com o vício, enquanto a espiritualidade promove uma transformação interior profunda e duradoura. A inclusão de aspectos como nutrição, exercício físico e ciclo circadiano garante que o corpo esteja em sua melhor forma para suportar a mente durante o processo de recuperação.

Adotar uma abordagem multidisciplinar significa reconhecer que o vício em pornografia é uma questão complexa que exige uma solução abrangente. Cada disciplina contribui com algo único e valioso, e sua integração cria uma estratégia de recuperação mais robusta e eficaz.

Compreender a importância de uma abordagem multidisciplinar é o primeiro passo para uma recuperação bem-sucedida. Este livro foi desenhado para guiá-lo através dessa jornada, oferecendo não apenas conhecimento, mas também ferramentas práticas e apoio espiritual. À medida que avançamos pelos capítulos, você encontrará estratégias concretas e inspirações para ajudar a superar o vício em pornografia e construir uma vida de liberdade e harmonia.

Convite à Jornada de Transformação

Superar o vício em pornografia é uma jornada desafiadora, mas profundamente recompensadora. Este livro não é apenas um manual de instruções; é um convite para uma transformação pessoal completa. Cada capítulo foi elaborado para guiá-lo passo a passo através de um processo que envolve mente, corpo e espírito.

A recuperação exige um compromisso sério e contínuo. Não existem soluções rápidas ou atalhos. O primeiro passo é reconhecer a necessidade de mudança e decidir comprometer-se com todo o coração. Este livro é seu companheiro nessa jornada, oferecendo orientação, apoio e inspiração.

Reserve um momento para refletir sobre seu estado atual e o impacto do vício em sua vida. Reconheça as áreas que foram afetadas e visualize a transformação que você deseja alcançar. Esta clareza de propósito será um motor poderoso ao longo de sua jornada.

Durante o processo de recuperação, você encontrará desafios e momentos de fraqueza. É crucial lembrar que a persistência é a chave para o sucesso. Cada pequena vitória é um passo em direção à liberdade. Lembre-se de que a recuperação é uma maratona, não uma corrida de velocidade.

Este livro está repleto de ferramentas práticas e recursos que você pode usar para superar o vício em pornografia. Desde técnicas de reprogramação mental e exercícios de psicologia positiva até práticas espirituais e planos de ação detalhados, cada capítulo oferece estratégias concretas para ajudá-lo a alcançar seus objetivos.

Não enfrente esta jornada sozinho. Busque apoio em sua família, amigos, mentores, psicólogos, terapeutas e comunidades de fé. Compartilhar suas experiências e desafios pode proporcionar encorajamento e responsabilidade mútua. Participar de grupos de apoio pode oferecer um ambiente seguro onde você pode aprender com os outros e compartilhar sua própria jornada.

Integre a espiritualidade em sua jornada de recuperação. Práticas como oração, meditação e leitura bíblica podem proporcionar uma fonte constante de força e inspiração. A fé pode oferecer um senso de propósito e esperança, essenciais para manter a motivação e a resiliência.

Imagine um futuro onde você é livre do vício em pornografia. Visualize as melhorias em suas relações, na sua autoestima e no seu bem-estar geral. Use essa visão como uma fonte constante de motivação. Cada passo que você dá, por menor que seja, é um progresso em direção a esse futuro desejado.

Lembre-se de que a recuperação é possível e que você é capaz de transformar sua vida. Este livro é um guia, mas o verdadeiro poder de mudança está dentro de você. Acredite em sua capacidade de superar o vício em pornografia e se comprometa a seguir em frente, um dia de cada vez. Com determinação, apoio e as estratégias certas, você pode alcançar a liberdade e viver uma vida plena e satisfatória.

Capítulo 1: A Neurociência e o Vício

O vício é uma condição multifacetada e desafiadora que afeta milhões de pessoas ao redor do mundo. Entender a neurociência por trás do vício é essencial para desenvolver estratégias eficazes de prevenção e tratamento. Este capítulo mergulha profundamente no que constitui um vício, com um foco especial no vício em pornografia, um problema que tem crescido significativamente na era digital.

A neurociência oferece uma perspectiva poderosa para compreender como o vício afeta o cérebro e o comportamento humano. Muitas vezes, quando pensamos em vício, associamos a substâncias como álcool e drogas. No entanto, os vícios comportamentais, como o vício me pornografia, podem ser igualmente prejudiciais. Eles envolvem padrões de comportamento compulsivo que alteram a química e a estrutura do cérebro de maneiras significativas e muitas vezes destrutivas.

Compreender a neurociência do vício é crucial por várias razões. Primeiramente, essa compreensão desmistifica a ideia de que o vício é uma falha moral ou uma escolha consciente. Na verdade, o vício em um contexto geral, é uma doença do cérebro que envolve interações complexas entre circuitos cerebrais, genética e experiências de vida. Saber disso nos ajuda a tratar pessoas com vício em pornografia com a empatia e o respeito que merecem.

Além disso, a neurociência revela como o vício altera o cérebro. Essas alterações incluem mudanças na estrutura e função do cérebro, especialmente em áreas relacionadas ao controle dos impulsos, à tomada de decisões e ao processamento de recompensas. Entender essas mudanças pode nos guiar na criação de intervenções mais eficazes e personalizadas para tratar o vício.

Na era digital, os vícios comportamentais se tornaram uma preocupação crescente. A facilidade de acesso e a privacidade oferecida pela internet criaram um ambiente propício para o desenvolvimento de comportamentos viciantes. O vício em pornografia, em particular, tem se tornado um problema significativo. A pornografia online está disponível a qualquer hora e em qualquer lugar, tornando mais fácil do que nunca desenvolver um padrão de uso compulsivo.

A pornografia online tem características que a tornam particularmente viciante. A novidade constante, a alta intensidade de estímulos e a capacidade de encontrar conteúdo cada vez mais explícito criam um ciclo de busca e recompensa que é difícil de quebrar. Este ciclo é impulsionado pelo sistema de recompensa do cérebro, que libera dopamina em resposta à antecipação e consumo de pornografia.

Este capítulo tem vários objetivos. Primeiro, fornecer uma definição clara e abrangente do que constitui um vício, diferenciando entre vícios em substâncias e vícios comportamentais. Em seguida, exploraremos especificamente o vício em pornografia, apresentando fatos e estatísticas atuais para contextualizar a prevalência e o impacto desse problema.

Também analisaremos como esse vício afeta a mente, o cérebro e o sistema de recompensa. Isso incluirá uma discussão sobre a dopamina e seu papel na perpetuação do vício. Além disso, examinaremos a destruição neuronal associada ao vício, apoiada por estatísticas e evidências científicas.

O propósito é não apenas informar, mas também oferecer uma compreensão profunda e empática do vício, promovendo uma abordagem mais eficaz e compassiva para a recuperação.

Este capítulo é um convite para entender melhor como o vício se desenvolve e como ele pode ser tratado de forma eficaz. Ao explorar a neurociência do vício, esperamos oferecer insights valiosos que ajudem na criação de estratégias de recuperação mais eficazes e compassivas. Vamos começar essa jornada explorando o que é o vício e como ele se manifesta, para então mergulhar mais fundo nos efeitos específicos do vício em pornografia.

O que é Vício

O vício é uma condição complexa que se caracteriza pela busca e uso compulsivo de substâncias ou pela realização de comportamentos repetitivos, mesmo diante de consequências negativas. O vício é "uma doença crônica que envolve a necessidade incontrolável de realizar um comportamento ou consumir uma substância, mesmo quando isso causa danos significativos".

Para entender o vício, é essencial reconhecer seus componentes fundamentais:

Compulsão: A compulsão é uma força irresistível que leva a pessoa a buscar e se envolver no comportamento viciante ou no uso de substâncias. Não é apenas um desejo, mas uma necessidade urgente e incontrolável. Por exemplo, alguém pode sentir uma compulsão avassaladora para consumir pornografia, mesmo em situações inadequadas.

Perda de Controle: A perda de controle se manifesta na incapacidade de regular o uso da substância ou comportamento viciante. Mesmo quando a pessoa decide parar ou reduzir o consumo, ela descobre que não consegue manter essa resolução. Isso é evidente quando alguém tenta evitar um comportamento viciante, mas se vê repetidamente falhando em suas tentativas.

Continuidade Apesar das Consequências: A persistência no comportamento viciante, mesmo diante de consequências negativas significativas, como problemas de saúde, dificuldades financeiras e conflitos familiares. A pessoa reconhece os danos causados pelo vício, mas ainda assim, não consegue interromper o comportamento.

"O vício é uma tentativa desesperada de lidar com a dor emocional, um comportamento que começa como uma busca de alívio, mas que se torna uma fonte de sofrimento". Este ciclo vicioso mantém a pessoa presa em um loop de comportamento compulsivo, mesmo quando isso resulta em sofrimento.

Embora os vícios em substâncias e comportamentais compartilhem muitas características, eles se manifestam de maneiras diferentes:

Vícios em Substâncias: Envolvem a dependência química de drogas ou álcool. Esses vícios alteram diretamente a química do corpo e do cérebro, criando uma dependência física que pode ser extremamente difícil de quebrar. Por exemplo, o consumo regular de álcool ou drogas leva a alterações na função cerebral, que resultam em uma necessidade física dessas substâncias para funcionar normalmente.

Vícios Comportamentais: Incluem a compulsão por certos comportamentos, como jogos de azar, compras e pornografia. Esses vícios não envolvem uma substância externa, mas sim um comportamento repetitivo que ativa os mesmos circuitos de recompensa no cérebro que os vícios em substâncias. Por exemplo, a excitação e a gratificação imediata proporcionadas por atividades como jogos de azar e consumo de pornografia podem criar um ciclo de compulsão semelhante ao observado em vícios químicos.

Ambos os tipos de vício ativam o sistema de recompensa do cérebro, liberando dopamina e criando uma sensação de prazer. No entanto, enquanto o vício em substâncias pode causar danos físicos diretos ao corpo, os vícios comportamentais tendem a causar danos psicológicos e sociais.

O vício geralmente segue um ciclo que pode ser dividido em quatro fases:

Experimentação: A pessoa experimenta a substância ou comportamento viciante pela primeira vez, muitas vezes em busca de prazer ou alívio do estresse. Isso pode ocorrer por curiosidade ou pressão social.

Uso Regular: O uso torna-se mais frequente e a pessoa começa a sentir a necessidade de buscar a substância ou comportamento regularmente. Nesta fase, a pessoa ainda pode sentir que tem controle sobre seu uso.

Dependência: A pessoa desenvolve uma tolerância, necessitando de quantidades maiores para obter o mesmo efeito. A ausência da substância ou comportamento leva a sintomas de abstinência, que podem incluir ansiedade, irritabilidade e desejos intensos. Nesta fase, o uso começa a interferir nas responsabilidades diárias e nas relações pessoais.

Compulsão: O uso se torna compulsivo, com a pessoa incapaz de parar, apesar das consequências negativas significativas. O comportamento viciante passa a dominar a vida da pessoa, consumindo seu tempo e energia e levando a um isolamento social e emocional.

Os impactos do vício são vastos e profundos, afetando todos os aspectos da vida de uma pessoa:

Saúde Física: Problemas de saúde, como doenças cardíacas, hepáticas e neurológicas, são comuns entre aqueles que sofrem de vícios em substâncias. Vícios comportamentais podem levar a problemas de saúde mental, como depressão e ansiedade. Por exemplo, o vício em álcool pode resultar em cirrose hepática, enquanto o vício em drogas pode causar danos neurológicos severos.

Saúde Mental: O vício está frequentemente associado a transtornos mentais. "O vício está associado a uma série de problemas psiquiátricos e psicossociais, incluindo depressão, ansiedade e comportamentos de risco". Sentimento de culpa e vergonha podem agravar a saúde mental, criando um ciclo vicioso onde o comportamento viciante é usado para aliviar o desconforto emocional.

Relações Pessoais: O vício pode corroer a confiança e a intimidade nas relações pessoais, levando a conflitos familiares, separações e isolamento social. O comportamento viciante pode consumir tanto tempo e energia que deixa pouco espaço para cultivar relações saudáveis. Por exemplo, alguém viciado em jogos de azar pode gastar grande parte de seu tempo e dinheiro no cassino, negligenciando suas responsabilidades familiares e causando tensão nos relacionamentos.

Desempenho Profissional: A capacidade de manter o emprego e o desempenho no trabalho pode ser gravemente prejudicada, levando a dificuldades financeiras e perda de oportunidades. O vício pode afetar a concentração, a motivação e a capacidade de cumprir prazos e responsabilidades. Por exemplo, um profissional talentoso pode começar a faltar ao trabalho ou perder prazos importantes devido ao tempo gasto com seu comportamento viciante, resultando em consequências financeiras e profissionais.

Vício em Pornografia

Esse vício é um comportamento compulsivo caracterizado pelo uso excessivo de materiais pornográficos, mesmo diante de consequências negativas significativas. Este comportamento é impulsionado por uma necessidade constante de buscar gratificação sexual através de imagens e vídeos explícitos, resultando em prejuízos na vida pessoal, social e profissional da pessoa.

O vício é "um transtorno de controle dos impulsos que envolve uma busca persistente e compulsiva por estimulação sexual visual, resultando em dificuldades emocionais e sociais". Essa definição destaca a natureza compulsiva do vício, que leva a pessoa a continuar com o comportamento mesmo quando isso causa sofrimento e problemas significativos em várias áreas da vida.

A prevalência do vício tem aumentado consideravelmente com o fácil acesso à internet e a disponibilidade ilimitada de conteúdo pornográfico. As estatísticas revelam a extensão desse problema e sua relevância como uma questão de saúde pública.

De acordo matéria do G1 que informa dados de 2021 diz que mais de 22.000.000 de Brasileiros consomem pornografia, dos quais 76% são homens. Esses números indicam que uma parcela significativa da população está exposta ao risco de desenvolver comportamentos viciantes relacionados à pornografia. A alta prevalência sugere que o problema não é isolado, mas uma preocupação generalizada que precisa ser abordada.

O consumo de pornografia entre adolescentes está fortemente associado a problemas de saúde mental, como depressão e ansiedade. Além disso, os adolescentes que consomem pornografia regularmente apresentam uma maior propensão a se envolver em comportamentos sexuais de risco. Esses achados são particularmente preocupantes, pois a adolescência é um período crucial para o desenvolvimento emocional e psicológico, e a exposição a pornografia pode interferir negativamente nesse processo.

Pesquisas indicam que o uso excessivo de pornografia pode levar a uma queda significativa no desempenho acadêmico e profissional. Estudantes universitários que consomem pornografia frequentemente relatam dificuldades de concentração, menor desempenho escolar e problemas com a memória. A diminuição da produtividade e a falta de foco no ambiente de trabalho também são consequências comuns entre adultos que enfrentam esse vício. Vários estudos já encontraram uma correlação entre o consumo frequente de pornografia e a redução da capacidade de concentração em tarefas acadêmicas e profissionais.

Estudos mostram que o consumo excessivo de pornografia pode estar associado a problemas de saúde física, como disfunção erétil e diminuição da libido em relações reais. Além disso, a exposição prolongada à pornografia pode levar a um aumento na necessidade de estímulos mais extremos para alcançar o mesmo nível de excitação, o que pode resultar em uma busca incessante por conteúdos mais explícitos e potencialmente prejudiciais. A disfunção erétil, em particular, tem sido amplamente estudada e vinculada ao consumo excessivo de pornografia, indicando que o impacto na saúde sexual é profundo e preocupante.

O vício em pornografia não afeta apenas a pessoa, mas também suas relações interpessoais. Os danos causados pelo vício se estendem aos relacionamentos familiares, amizades e parcerias românticas.

O vício pode causar distanciamento emocional e sexual entre parceiros. A comparação constante com imagens idealizadas pode gerar insatisfação com o parceiro real, levando a conflitos e até rupturas. Estudos sugerem que parceiros de pessoas viciadas em pornografia frequentemente relatam sentimentos de traição e insegurança, o que pode corroer a confiança no relacionamento.

O tempo e a energia gastos no consumo de pornografia podem levar ao isolamento social. Pessoas viciadas podem evitar interações sociais e atividades em grupo, preferindo a solidão. Isso pode resultar em uma rede de apoio social enfraquecida, dificultando ainda mais a recuperação.

A exposição contínua a pornografia pode normalizar comportamentos sexuais arriscados, levando as pessoas a praticar atividades que aumentam o risco de doenças sexualmente transmissíveis (DST) e outras consequências negativas. Jovens que consomem pornografia frequentemente podem desenvolver uma percepção distorcida da sexualidade, buscando replicar atos vistos online sem considerar os riscos envolvidos.

Além dos efeitos sociais e relacionais, o vício em pornografia tem um impacto significativo na saúde mental da pessoa:

Depressão e Ansiedade: O consumo compulsivo de pornografia está frequentemente associado a sentimento de culpa e vergonha, que podem levar à depressão e ansiedade. Vale destacar que "pessoas com esse vício apresentam taxas significativamente mais altas de depressão e ansiedade em comparação com a população geral".

Desregulação Emocional: O uso contínuo de pornografia leva à desregulação emocional, onde a pessoa tem dificuldade em experimentar prazer em atividades cotidianas. A pornografia se torna a principal fonte de gratificação, enquanto outras atividades perdem o interesse.

Autopercepção e Autoestima: A exposição constante a imagens idealizadas leva pessoa a uma diminuição da autoestima e a uma Autopercepção distorcida. As pessoas podem se sentir inadequadas ou insatisfeitas com seus próprios corpos e desempenho sexual, o que pode agravar os problemas emocionais.

O vício em pornografia também causa mudanças significativas no cérebro, afetando sua estrutura e função:

Sistema de Recompensa: A exposição contínua a pornografia ativa repetidamente o sistema de recompensa do cérebro, liberando dopamina. Com o tempo, o cérebro desenvolve tolerância, necessitando de estímulos cada vez mais intensos para obter o mesmo nível de prazer. Isso perpetua o ciclo do vício.

Córtex Pré-frontal: Esta área do cérebro, responsável pelo controle dos impulsos e tomada de decisões, é afetada pelo uso excessivo de pornografia. A diminuição da atividade no córtex pré-frontal pode resultar em uma menor capacidade de controlar impulsos e fazer escolhas racionais.

Os dados ressaltam a necessidade urgente de abordar o vício como uma questão de saúde pública, promovendo a conscientização e a implementação de estratégias eficazes de prevenção e tratamento. O vício não é apenas um hábito inofensivo, mas uma condição que pode causar danos profundos e duradouros na vida das pessoas afetadas. A compreensão detalhada do problema é essencial para desenvolver abordagens eficazes para combater esse vício e mitigar seus impactos negativos.

Como o Vício Afeta a Mente

O vício em pornografia provoca consequências devastadoras na saúde mental de uma pessoa. Este comportamento compulsivo não apenas altera a química cerebral, mas também afeta profundamente as emoções, pensamentos e comportamentos diários. Entender esses impactos é crucial para abordar o vício de maneira eficaz.

Uma das consequências mais comuns do vício é o desenvolvimento de depressão e ansiedade. O consumo compulsivo de pornografia muitas vezes está associado a sentimento de culpa e vergonha. Esses sentimentos negativos podem se intensificar com o tempo, levando a um ciclo de autocrítica e desesperança. Estudos mostram que "pessoas com esse vício apresentam taxas significativamente mais altas de depressão e ansiedade em comparação com a população geral". A ansiedade pode ser exacerbada pela preocupação constante com a possibilidade de ser descoberto, além do medo das repercussões sociais e pessoais.

O vício pode levar ao isolamento social. Pessoas viciadas em pornografia frequentemente evitam interações sociais, preferindo gastar tempo sozinhas consumindo material pornográfico. Esse isolamento pode agravar sentimentos de solidão e desespero, criando um ciclo vicioso onde a pornografia se torna uma forma de escapismo. A pessoa pode se afastar de amigos e familiares, sentindo-se desconectada das atividades e relacionamentos que antes eram importantes.

O consumo constante de pornografia desregula o sistema emocional, tornando difícil para a pessoa experimentar prazer em outras atividades da vida. Isso ocorre porque o cérebro começa a associar o prazer principalmente ao consumo de pornografia, negligenciando outras fontes de satisfação. A desregulação emocional pode levar a explosões de raiva, tristeza profunda e uma incapacidade de lidar com o estresse de maneira saudável. A pessoa pode se tornar mais irritável e emocionalmente instável, afetando negativamente suas relações interpessoais.

Além dos impactos emocionais, o vício também afeta as funções cognitivas de uma pessoa. Essas alterações incluem:

O consumo excessivo de pornografia prejudica a capacidade de concentração e memória. Estudos sugerem que o uso compulsivo de pornografia está associado a déficits na memória de trabalho e na capacidade de se concentrar em tarefas prolongadas. A dificuldade de se concentrar em tarefas diárias pode afetar o desempenho acadêmico e profissional, resultando em um círculo vicioso de frustração e uso continuado de pornografia como um escape.

O vício compromete a capacidade de tomar decisões racionais. Isso ocorre porque as áreas do cérebro envolvidas na tomada de decisões, como o córtex pré-frontal, são afetadas pelo uso compulsivo de pornografia. Pessoas com vício podem ter dificuldade em avaliar as consequências de suas ações e em fazer escolhas saudáveis. Essa deterioração na capacidade de tomar decisões pode levar a comportamentos impulsivos e arriscados, exacerbando ainda mais os problemas causados pelo vício.

A exposição constante a conteúdos pornográficos leva a uma percepção distorcida da realidade sexual e dos relacionamentos. As expectativas irreais criadas pela pornografia podem resultar em insatisfação com a vida sexual real e em dificuldades para estabelecer e manter relacionamentos íntimos saudáveis. Pessoas podem começar a ver o sexo e os parceiros de uma maneira objetificante, o que pode prejudicar a intimidade emocional e a conexão genuína com os outros.

O vício em pornografia provoca um impacto significativo no autoconceito e na autoestima de uma pessoa. Muitas pessoas que lutam contra esse vício relatam sentir-se inadequadas, envergonhadas e indignas. Esses sentimentos podem ser exacerbados pela percepção de que não conseguem controlar seu comportamento, levando a uma espiral descendente de autojulgamento e desesperança.

A exposição constante a imagens idealizadas e a performances irreais na pornografia também criam comparações prejudiciais. Pessoas podem sentir que não conseguem corresponder a esses padrões, resultando em uma diminuição da autoestima e em sentimentos de inadequação sexual. A percepção de si mesmo como fraco ou falho por não conseguir controlar o uso da pornografia pode minar ainda mais a autoconfiança e a autoestima.

O vício em pornografia não ocorre isoladamente; ele está frequentemente associado a outros transtornos mentais. A coocorrência desse vício com outros problemas de saúde mental pode complicar o tratamento e a recuperação. Por exemplo: Há uma relação documentada entre esse vício e o TOC. Pessoas com TOC podem usar a pornografia como uma maneira de aliviar suas obsessões e compulsões, criando um ciclo de dependência. A necessidade de ver pornografia para aliviar a ansiedade associada ao TOC pode reforçar o comportamento viciante.

Pessoas com transtornos de humor, como depressão e transtorno bipolar, podem usar a pornografia como uma forma de automedicação. Embora isso possa proporcionar alívio temporário, a longo prazo, pode agravar os sintomas e dificultar a recuperação. A pornografia pode servir como um escape temporário da dor emocional, mas seu uso contínuo pode perpetuar os sentimentos de desesperança e isolamento.

Esse vício pode ser tanto uma causa quanto uma consequência de transtornos de ansiedade. A ansiedade pode levar ao uso de pornografia como uma forma de alívio, enquanto o uso compulsivo pode aumentar os níveis de ansiedade devido à culpa e à vergonha associadas. Esse ciclo de ansiedade e alívio temporário pode se tornar um padrão difícil de quebrar.

Os impactos desse vício na mente são profundos e multifacetados, afetando a saúde emocional, cognitiva e psicológica da pessoa. Reconhecer esses impactos é o primeiro passo para a recuperação. Compreender como o esse vício desregula as emoções, prejudica a função cognitiva e afeta o autoconceito pode ajudar a desenvolver estratégias mais eficazes para superar esse comportamento viciante e restaurar a saúde mental e emocional.

Como o Vício Afeta o Cérebro

O consumo repetido de pornografia causa mudanças significativas na estrutura e função do cérebro. Essas alterações são semelhantes às observadas em vícios de substâncias, evidenciando a gravidade do impacto neurológico do vício em pornografia.

Parte central do sistema de recompensa do cérebro, o núcleo accumbens responde fortemente a estímulos prazerosos, incluindo a pornografia. No vício, essa área pode se tornar hiperativa, o que aumenta a busca por estímulos cada vez mais intensos. Estudos mostram que a hiperatividade no núcleo accumbens está associada à busca compulsiva por estímulos prazerosos, reforçando o ciclo vicioso do vício.

Responsável pelo planejamento, tomada de decisões e controle dos impulsos, o córtex pré-frontal pode sofrer uma diminuição de atividade e volume devido ao uso compulsivo de pornografia. Isso resulta em menor controle dos impulsos e dificuldade em resistir à tentação de consumir pornografia. Pesquisas indicam que a redução na atividade do córtex pré-frontal está ligada à diminuição da capacidade de controle dos impulsos e ao aumento da tomada de riscos.

Envolvida no processamento das emoções, a amígdala pode se tornar mais reativa a estímulos relacionados ao vício. Isso aumenta a resposta emocional e o estresse quando a pessoa tenta reduzir ou parar o consumo de pornografia. A atividade aumentada na amígdala está associada à hipersensibilidade emocional, o que pode exacerbar sentimento de culpa e vergonha.

Estudos de neuroimagem têm mostrado como o cérebro de uma pessoa com esse vício difere de um cérebro saudável. Esses estudos revelam que há uma redução na massa cinzenta em áreas críticas do cérebro, como o córtex pré-frontal. Essa redução está associada a um controle deficiente dos impulsos e a uma maior propensão a comportamentos compulsivos.

"A exposição prolongada à pornografia pode resultar em uma diminuição significativa da massa cinzenta no córtex pré-frontal, uma área crucial para a tomada de decisões e o controle dos impulsos". Além disso, "os usuários compulsivos de pornografia apresentam uma conectividade funcional alterada entre o córtex pré-frontal e outras áreas do cérebro, indicando uma comunicação deficiente entre as regiões envolvidas no controle dos impulsos e na regulação emocional".

Como o Vício Afeta o Sistema de Recompensa

O sistema de recompensa do cérebro é uma rede complexa de neurônios que regula as sensações de prazer e motivação. Quando nos envolvemos em atividades prazerosas, como comer, socializar ou consumir pornografia, o cérebro libera dopamina, um neurotransmissor associado ao prazer e à recompensa.

No contexto do vício, o sistema de recompensa pode se tornar desregulado. A exposição repetida a estímulos altamente excitantes, como a pornografia, altera a maneira como o cérebro responde ao prazer. Isso pode levar a uma busca compulsiva por esses estímulos, resultando em um ciclo vicioso de uso e abuso.

A dopamina desempenha um papel central no vício. No caso da pornografia, cada visualização de conteúdo explícito desencadeia uma liberação de dopamina, proporcionando uma sensação intensa de prazer. Com o tempo, o cérebro se adapta a esses níveis elevados de dopamina, desenvolvendo tolerância. Isso significa que a pessoa precisa de doses maiores e mais frequentes de pornografia para alcançar o mesmo nível de prazer.

Essa necessidade crescente de estímulo é o que perpetua o ciclo do vício. A dopamina não apenas motiva a busca por recompensas, mas também reforça o comportamento viciante, tornando-o mais difícil de controlar.

O uso compulsivo de pornografia desregula o sistema de recompensa do cérebro de várias maneiras:

Tolerância: Com o tempo, o cérebro precisa de mais dopamina para sentir o mesmo nível de prazer. Isso leva à busca por conteúdos cada vez mais explícitos e extremos.

Sensibilização: Enquanto a tolerância aumenta, o cérebro se torna mais sensível aos gatilhos associados à pornografia. Imagens, sons ou situações que lembram a pornografia podem desencadear fortes desejos e impulsos.

Hipersensibilidade ao Estresse: A dopamina também está envolvida na resposta ao estresse. A desregulação do sistema de recompensa pode aumentar a reatividade ao estresse, tornando a pessoa mais propensa a usar pornografia como uma forma de aliviar a tensão.

A desregulação do sistema dopaminérgico também está ligada a mudanças hormonais. O (HPG) eixo hipotálamo-hipófise-gonadal desempenha um papel importante na regulação do comportamento sexual e é influenciado por níveis de dopamina. A estimulação erótica e a exposição frequente à pornografia alteram os níveis de testosterona, que por sua vez afetam a motivação sexual e emocional.

Comparado a outros vícios, como o álcool ou drogas, o vício em pornografia pode parecer menos prejudicial à primeira vista. No entanto, o impacto no sistema de recompensa do cérebro se torna igualmente devastador. A dopamina desempenha um papel similar em todos esses vícios, reforçando comportamentos que proporcionam prazer imediato, mas que têm consequências negativas a longo prazo. Estudos mostram que as respostas neuronais em pessoas viciadas em pornografia são semelhantes às observadas em vícios de substâncias.

A neuroadaptação é um processo pelo qual o cérebro se adapta a níveis cronicamente elevados de dopamina. No início, a pornografia pode proporcionar um prazer intenso. No entanto, com o tempo, o cérebro começa a reduzir a sua sensibilidade à dopamina. Isso resulta em uma menor capacidade de experimentar prazer a partir de outras atividades da vida diária, como socializar, trabalhar ou praticar hobbies.

Várias pessoas que lutaram contra o vício em pornografia relatam que, durante o pico do vício, sentiam uma falta de interesse em atividades que antes consideravam prazerosas. Muitos descrevem uma sensação de entorpecimento emocional, onde apenas a pornografia parecia ser capaz de proporcionar qualquer tipo de prazer ou alívio emocional.

Embora as alterações no sistema de recompensa do cérebro causadas pelo vício em pornografia sejam significativas, pesquisas sugerem que essas mudanças podem ser revertidas com o tempo e com intervenções adequadas. A recuperação do sistema de dopamina pode levar meses ou até anos, dependendo da gravidade do vício e do compromisso com a recuperação.

Esse vício desregula o sistema de recompensa do cérebro, criando um ciclo vicioso de busca e consumo que é impulsionado pela dopamina. Compreender como esse processo funciona é essencial para desenvolver estratégias eficazes de recuperação e restauração do equilíbrio neuroquímico.

A Destruição Neuronal

O vício em pornografia não apenas altera o comportamento e a função cerebral, mas também leva à destruição neuronal. Este fenômeno é particularmente preocupante, pois afeta áreas críticas do cérebro envolvidas no controle dos impulsos, na regulação emocional e na tomada de decisões.

Pesquisas utilizando técnicas de neuroimagem têm demonstrado a extensão dos danos cerebrais associados a esse vício. Essas mudanças estruturais e funcionais são similares às observadas em outros tipos de vícios, indicando que o impacto da pornografia no cérebro é tão sério quanto o de substâncias químicas.

Reforçando, pessoas viciadas em pornografia apresentam uma redução significativa na massa cinzenta no córtex pré-frontal, uma área crucial para o controle dos impulsos e a tomada de decisões. Essa área é vital para funções executivas e sua redução está associada a uma diminuição no controle dos impulsos e na capacidade de tomar decisões racionais.

Usuários compulsivos de pornografia apresentam conectividade funcional alterada entre o córtex pré-frontal e outras áreas do cérebro, como a amígdala. Esta conectividade reduzida compromete a capacidade de regular emoções e controlar impulsos. A amígdala, que processa emoções, torna-se hiperativa, aumentando a reatividade emocional e a propensão ao estresse.

O hipocampo, uma área crítica para a formação e recuperação de memórias, também é afetado. Estudos sugerem que a exposição constante a conteúdos pornográficos pode reduzir a plasticidade sináptica no hipocampo, prejudicando a capacidade de formar novas memórias e recuperar informações de maneira eficaz. Isso implica em dificuldades significativas no aprendizado e na retenção de informações.

Voltando a falar sobre o córtex pré-frontal, ele é essencial para funções cognitivas superiores, como o planejamento e a tomada de decisões. A redução na massa cinzenta nesta área pode levar a uma série de problemas cognitivos e comportamentais, incluindo:

Diminuição do Controle dos Impulsos: A capacidade de resistir a impulsos, como o desejo de consumir pornografia, é severamente prejudicada. Isso resulta em comportamentos mais impulsivos e menos controlados.

Dificuldade na Tomada de Decisões: Tomar decisões racionais e ponderadas torna-se mais difícil, levando a escolhas impulsivas e prejudiciais. Este impacto é particularmente problemático na vida cotidiana e profissional.

Problemas de Memória e Concentração: A memória de trabalho e a capacidade de se concentrar em tarefas prolongadas são afetadas negativamente. Este declínio cognitivo afeta o desempenho acadêmico e profissional, exacerbando o ciclo de vício e insatisfação.

A exposição prolongada à pornografia provoca efeitos neurotóxicos. A neurotoxicidade refere-se aos danos que substâncias ou comportamentos causam aos neurônios. No caso da pornografia, a estimulação constante e intensa leva a morte celular em áreas críticas do cérebro. Isso resulta em uma perda de neurônios que não pode ser facilmente revertida, afetando permanentemente a função cerebral. Estudos mostram que a exposição contínua a estímulos pornográficos intensos pode causar a morte de células nervosas e reduzir a capacidade do cérebro de se recuperar.

Apesar da gravidade dos danos causados pelo vício em pornografia, estudos sugerem que a recuperação é possível. Intervenções adequadas e um compromisso sério com a mudança de comportamento podem ajudar a restaurar a função cerebral ao longo do tempo. A plasticidade neural permite que o cérebro se recupere, desde que sejam fornecidas as condições adequadas para a reabilitação. A neuroplasticidade é a capacidade do cérebro de reorganizar suas conexões neuronais, especialmente em resposta a novos aprendizados ou experiências.

A recuperação, no entanto, exige um compromisso consistente com a abstinência de pornografia e a adoção de novos hábitos saudáveis. Programas de reabilitação que combinam (TCC) terapia cognitivo-comportamental, mindfulness e suporte social têm se mostrado eficazes na promoção da recuperação.

A terapia desempenha um papel crucial na recuperação desse vício. A (TCC) terapia cognitivo-comportamental ajuda as pessoas a identificar e modificar padrões de pensamento e comportamento disfuncionais.

A destruição neuronal associada ao vício em pornografia é um problema sério que requer atenção urgente. As mudanças estruturais e funcionais no cérebro podem ter efeitos duradouros na vida de uma pessoa, afetando sua capacidade de tomar decisões, controlar impulsos e regular emoções. A compreensão dessas mudanças é essencial para desenvolver estratégias eficazes de prevenção e tratamento.

Efeitos Comportamentais

O vício em pornografia causa uma série de alterações no comportamento diário das pessoas afetadas. Essas mudanças são muitas vezes sutis no início, mas se torna mais pronunciadas com o tempo e a progressão do vício.

Muitas pessoas viciadas em pornografia tendem a se isolar socialmente. Elas evitam interações sociais e preferem passar tempo sozinhos, consumindo pornografia. Isso leva ao enfraquecimento das relações interpessoais e ao aumento da sensação de solidão e isolamento. Essa tendência ao isolamento é comum, pois as pessoas se sentem envergonhadas e tentam esconder seu comportamento viciante.

A necessidade constante de consumir pornografia interfere na produtividade diária. Pessoas podem passar horas assistindo a conteúdo pornográfico, negligenciando responsabilidades no trabalho, na escola ou em casa. Estudos indicam que a procrastinação e a distração causadas pelo vício podem impactar significativamente o desempenho acadêmico e profissional.

O consumo de pornografia distorce a percepção do sexo e das relações íntimas. Pessoas podem desenvolver expectativas irreais sobre o sexo e buscar comportamentos sexualmente arriscados ou inadequados, influenciados pelo que veem na pornografia. Esses comportamentos podem incluir a busca de múltiplos parceiros sexuais e a experimentação de práticas sexuais arriscadas, resultando em um maior risco de contrair doenças sexualmente transmissíveis.

O vício em pornografia tem um impacto devastador nas relações interpessoais, incluindo relacionamentos românticos, familiares e amizades.

O consumo de pornografia cria expectativas irreais sobre o sexo e o parceiro. Isso leva a insatisfação sexual, problemas de intimidade e conflitos frequentes. Muitos parceiros de pessoas viciadas em pornografia muitas vezes se sentem traídos, inseguros e emocionalmente distantes. Essa desconfiança deteriora a base emocional de qualquer relacionamento romântico, levando à infidelidade emocional e muitas vezes física.

O vício reduz a capacidade de comunicação efetiva. Pessoas se tornam mais reservadas, evitando discussões sobre suas necessidades e sentimentos. A falta de comunicação pode enfraquecer ainda mais os laços familiares e amorosos. A comunicação aberta e honesta é fundamental para a saúde dos relacionamentos, e a ausência dela pode resultar em um ciclo de mágoa e ressentimento.

O vício em pornografia afeta a dinâmica familiar. Pessoas podem negligenciar responsabilidades parentais ou conjugais, resultando em tensão e conflito dentro do ambiente doméstico. A exposição de crianças a conteúdo pornográfico acidentalmente também pode ocorrer, criando um ambiente prejudicial para o desenvolvimento infantil. Filhos de pais viciados em pornografia sofrem com falta de atenção e suporte emocional, impactando seu desenvolvimento psicológico e emocional.

Os efeitos psicológicos e emocionais desse vício são profundos e variados. Eles exacerbam problemas de saúde mental existentes e criar novos desafios emocionais.

Pessoas com esse vício frequentemente relatam altos níveis de ansiedade e depressão. A vergonha e a culpa associadas ao comportamento viciante agrava esses sentimentos, levando a um ciclo vicioso de consumo de pornografia para aliviar a angústia emocional. Esse ciclo resulta em uma espiral descendente de saúde mental, onde a pornografia é usada como uma fuga temporária, mas que agrava os problemas subjacentes.

O vício impacta negativamente a autoestima. As pessoas sentem-se envergonhadas ou culpadas por seu comportamento, acreditando que são incapazes de controlar seus impulsos. Isso leva a sentimentos de inadequação e autocrítica constante. A pesquisa sugere que a baixa autoestima pode ser tanto uma causa quanto um efeito do vício em pornografia, criando um ciclo difícil de quebrar.

O uso compulsivo de pornografia desregula a capacidade de gerenciar emoções. As pessoas se tornam mais reativas emocionalmente, com dificuldades para lidar com o estresse e as frustrações do dia a dia. A dependência emocional da pornografia como forma de lidar com emoções negativas impede o desenvolvimento de estratégias saudáveis de enfrentamento. Essa desregulação pode manifestar-se em explosões emocionais, irritabilidade e dificuldade em manter relacionamentos estáveis.

As consequências a longo prazo desse vício são graves e duradouras, afetando diversos aspectos da vida da pessoa.

A redução da produtividade e os comportamentos impulsivos prejudicam o desempenho profissional. As pessoas podem enfrentar dificuldades para manter empregos, progredir na carreira ou mesmo conseguir novas oportunidades de trabalho. A falta de foco e a procrastinação são vistas como falta de comprometimento, prejudicando a reputação profissional.

O estresse contínuo e a desregulação emocional associada ao vício levam a problemas de saúde física e mental. Isso inclui distúrbios do sono, problemas cardiovasculares e agravamento de transtornos mentais preexistentes. A combinação de estresse mental e físico pode levar a um esgotamento geral, impactando negativamente a qualidade de vida.

A qualidade de vida das pessoas viciadas em pornografia pode ser significativamente comprometida. A incapacidade de formar e manter relacionamentos saudáveis, juntamente com a deterioração da saúde mental e física, pode levar a uma sensação geral de insatisfação e desesperança. A sensação de fracasso contínuo e a incapacidade de escapar do ciclo viciante podem resultar em um sentimento profundo de desesperança.

Os efeitos comportamentais do vício em pornografia são amplos e multifacetados, impactando não apenas a pessoa, mas também suas relações e qualidade de vida. Compreender esses impactos é crucial para desenvolver estratégias eficazes de intervenção e apoio, ajudando as pessoas a recuperar o controle sobre suas vidas e promover relações saudáveis e gratificantes.

Considerações

O capítulo "A Neurociência e o Vício" ofereceu uma visão abrangente de como o vício em pornografia impacta a mente, o cérebro e o comportamento das pessoas. Exploramos profundamente as implicações neurobiológicas e comportamentais, ressaltando a complexidade e a gravidade desse tipo de vício.

Discutimos os impactos comportamentais e emocionais do vício, como o isolamento social, a redução da produtividade, os problemas nos relacionamentos e as consequências a longo prazo.

Capítulo 2: Teologia Bíblica-Cristã e o Vício

O vício é uma realidade presente em muitas vidas, causando sofrimento e desafios profundos tanto para as pessoas quanto para suas famílias e comunidades. No contexto da teologia bíblica-cristã, compreender o vício vai além de um mero problema comportamental ou de saúde; trata-se de uma questão espiritual e moral que afeta o ser humano em sua totalidade. Este capítulo busca explorar a relevância do vício sob a luz da Bíblia e da fé cristã, oferecendo uma perspectiva teológica e prática para aqueles que lutam contra essa adversidade.

A teologia bíblica-cristã oferece uma base sólida para compreender e enfrentar o vício, destacando a importância do relacionamento com Deus, da comunidade de fé e da transformação espiritual. A Bíblia, como palavra inspirada de Deus, fornece orientação, consolo e esperança para aqueles que buscam liberdade das correntes do vício. Entender o vício através das lentes da fé cristã nos permite abordar a questão de maneira holística, integrando aspectos espirituais, emocionais e físicos na jornada de recuperação.

No coração do cristianismo está a mensagem de redenção e transformação, que é central para a compreensão do vício e da recuperação. Jesus Cristo, através de Sua vida, morte e ressurreição, oferece uma nova vida e esperança para todos, inclusive para aqueles que estão presos em ciclos de comportamento autodestrutivo. Esta esperança não é apenas uma abstração teológica, mas uma realidade viva e atuante que pode ser experimentada na vida diária através da fé.

A importância de compreender o vício à luz da Bíblia é enfatizada pela necessidade de uma abordagem que não apenas trata os sintomas, mas também aborda as raízes espirituais e emocionais do comportamento viciado. A teologia cristã nos lembra que o ser humano é criado à imagem de Deus, com dignidade e propósito, e que o vício distorce e destrói essa imagem. Assim, a recuperação envolve não apenas a cessação do comportamento viciante, mas uma restauração completa da pessoa à sua verdadeira identidade em Cristo.

Além disso, a fé cristã proporciona recursos espirituais poderosos para a luta contra o vício, incluindo a oração, a meditação nas Escrituras, a comunidade de fé e os sacramentos. Esses recursos ajudam a fortalecer a resistência espiritual, promover a cura interior e renovar a mente e o coração. O papel da igreja e da comunidade cristã é crucial neste processo, oferecendo apoio, encorajamento e responsabilização para aqueles que buscam a libertação.

Ao longo da história da igreja, muitos teólogos e líderes cristãos têm refletido profundamente sobre a natureza do vício e a forma de combatê-lo à luz da Bíblia. Agostinho de Hipona, por exemplo, em suas "Confissões", descreve sua própria luta contra os desejos carnais e como encontrou libertação em Cristo. Ele argumenta que o verdadeiro descanso e satisfação só podem ser encontrados em Deus, uma visão que ressoa com a experiência de muitos que lutam contra o vício.

Portanto, este capítulo abordará a visão bíblica-cristã sobre o vício, explorando passagens e interpretações teológicas que lançam luz sobre essa questão. Discutiremos como a fé pode ser uma ferramenta poderosa na recuperação, compartilhando princípios bíblicos que sustentam essa jornada.

Por fim, exploraremos como práticas espirituais como a oração e a meditação podem auxiliar na recuperação, além de discutir a importância do perdão e da graça na teologia cristã. A esperança e a resiliência, sustentadas pela fé em Cristo, serão destacadas como elementos essenciais para a jornada de recuperação. Ao integrar a teologia bíblica-cristã com a compreensão contemporânea do vício, esperamos oferecer uma abordagem completa e transformadora para aqueles que buscam a verdadeira liberdade e restauração.

A Visão Bíblica-Cristã sobre o Vício

Para compreender a perspectiva bíblica sobre o vício, é fundamental explorar o que as Escrituras dizem sobre comportamento compulsivo e autodestrutivo. A Bíblia aborda o vício não apenas como uma falha moral, mas como uma manifestação do pecado que escraviza o ser humano e o afasta de Deus. A visão bíblica-cristã vê o vício como uma distorção do propósito original de Deus para a humanidade, onde o desejo legítimo é pervertido em compulsão descontrolada.

A Bíblia contém várias passagens que falam diretamente sobre comportamentos compulsivos e o impacto devastador que eles podem ter na vida de uma pessoa. Em 1º Coríntios: capítulo 6, versículo 12, Paulo escreve: "Tudo me é permitido, mas nem tudo convém. Tudo me é permitido, mas eu não deixarei que nada me domine". Esta passagem destaca a liberdade cristã, mas também adverte contra a escravidão do vício. Paulo reconhece que, embora possamos ter liberdade em Cristo, devemos exercer autocontrole para não sermos dominados por desejos desordenados.

Em Romanos: capítulo 7, versículos 15 a 20, Paulo expressa sua luta pessoal contra o pecado, que pode ser visto como uma forma de vício. Ele admite: "Porque nem mesmo compreendo o meu próprio modo de agir, pois não faço o que prefiro, e sim o que detesto". Esta confissão de Paulo ressoa profundamente com aqueles que lutam contra o vício, mostrando que até mesmo os líderes espirituais enfrentam batalhas internas. Paulo descreve a luta entre o desejo de fazer o bem e a força do pecado que habita nele, ilustrando a natureza conflitante do vício.

Outro exemplo significativo é encontrado em Gálatas: capítulo 5, versículos 19 a 21, onde Paulo lista as "obras da carne", incluindo comportamentos que podemos associar a vícios, como a imoralidade sexual, a impureza e a idolatria. Ele contrasta essas obras com o "fruto do Espírito", que inclui o domínio próprio, Gálatas: capítulo 5, versículos 22 e 23. Este contraste destaca a luta entre a carne e o Espírito e a necessidade de uma vida guiada pelo Espírito Santo para superar o vício.

Em Provérbios: capítulo 23, versículos 29 a 35, encontramos uma descrição vívida dos efeitos devastadores do vício em álcool: "Para quem são os ais? Para quem as tristezas? Para quem as brigas? Para quem as queixas? Para quem as feridas desnecessárias? Para quem os olhos vermelhos? Para os que se demoram bebendo vinho, que andam procurando bebida misturada. Não se deixe atrair pelo vinho quando está vermelho, quando cintila no copo e escorre suavemente!". Esta passagem destaca os perigos de se entregar ao vício e os efeitos negativos que ele traz à vida de uma pessoa.

Vários teólogos ao longo da história cristã têm interpretado essas passagens para oferecer insights sobre a natureza do vício. Citando novamente Agostinho, em suas "Confissões", ele compartilha suas próprias lutas com desejos carnais e como encontrou libertação em Cristo. Agostinho argumenta que o coração humano está inquieto até encontrar descanso em Deus, sugerindo que o vício é uma busca desordenada por satisfação fora de Deus.

Martinho Lutero, outro grande teólogo, enfatizou a escravidão do ser humano ao pecado e a necessidade da graça divina para a libertação. Ele afirmou que o ser humano é incapaz de se libertar do pecado por si mesmo e que somente a graça de Deus, recebida através da fé em Cristo, pode quebrar as correntes do vício. Lutero viu o vício como uma evidência da depravação humana e da necessidade contínua de redenção.

O teólogo contemporâneo Timothy Keller oferece uma visão moderna sobre o vício, abordando-o como uma forma de idolatria. Ele argumenta que qualquer coisa que tome o lugar de Deus em nossas vidas pode se tornar um ídolo, e os vícios são frequentemente esses deuses falsos que prometem satisfação, mas entregam escravidão. Keller destaca que a verdadeira liberdade e satisfação só podem ser encontradas em um relacionamento autêntico com Deus, onde Ele ocupa o lugar central em nossas vidas.

A Bíblia define o vício como uma forma de idolatria, onde algo ou alguém ocupa o lugar de Deus na vida de uma pessoa. Em Colossenses: capítulo 3, versículo 5, Paulo instrui os cristãos a "fazer morrer tudo o que pertence à natureza terrena de vocês: imoralidade sexual, impureza, paixão, desejos maus e a ganância, que é idolatria". O vício é visto como uma forma de ganância e idolatria, onde os desejos desordenados governam o coração e a mente.

Sansão é um dos personagens mais famosos da Bíblia que teve problemas com o autocontrole, especialmente no que diz respeito a seus desejos por mulheres. Em Juízes 16, lemos sobre sua relação com Dalila, que acabou levando à sua queda: "Depois disso, ele se apaixonou por uma mulher do vale de Soreque, chamada Dalila." (Juízes: capítulo 16, versículo 4). Sansão repetidamente sucumbiu a seus desejos, apesar das advertências e consequências, o que poderia ser visto como um comportamento compulsivo.

Salomão, apesar de sua sabedoria, também teve problemas com autocontrole. Ele se casou com muitas mulheres estrangeiras, o que levou à sua idolatria. Em 1º Reis: capítulo 11, versículos 1 a 3, lemos: "Ora, o rei Salomão amou muitas mulheres estrangeiras, além da filha de Faraó: moabitas, amonitas, edomitas, sidônias e hititas. Elas eram das nações de que o Senhor havia dito aos filhos de Israel: 'Vocês não se casem com elas, nem elas com vocês; porque elas, sem dúvida, perverterão o coração de vocês para seguir os seus deuses.' E Salomão apegou-se a elas com amor. Tinha setecentas mulheres, princesas, e trezentas concubinas; e suas mulheres lhe perverteram o coração." A insistência de Salomão em seguir seus desejos, mesmo contra a vontade de Deus, pode ser vista como uma forma de vício.

Eli, o sacerdote, teve dois filhos, Hofni e Finéias, que eram descritos como "homens ímpios" porque abusavam de suas posições para satisfazer seus desejos egoístas. Em 1º Samuel: capítulo 2, versículos 12 a 17, lemos sobre suas ações corruptas: "Os filhos de Eli eram homens ímpios; não se importavam com o Senhor, nem com o dever dos sacerdotes para com o povo. Quando alguém oferecia sacrifício, o servo do sacerdote vinha com um garfo de três dentes na mão, enquanto a carne estava cozinhando, e o enfiava na caldeira, na panela, no caldeirão ou na marmita; tudo o que o garfo tirava, o sacerdote tomava para si. Assim faziam a todos os israelitas que iam a Siló. E antes de queimarem a gordura, vinha o servo do sacerdote e dizia ao homem que oferecia o sacrifício: 'Dê essa carne para o sacerdote assar, porque não aceitará de você carne cozida, mas crua.' Se o homem lhe dissesse: 'Queimem primeiro a gordura e depois tome o quanto quiser', ele respondia: 'Não, dê-me logo; se não, tomarei à força.' Assim, o pecado desses moços era muito grande diante do Senhor, pois eles desprezavam a oferta oferecida a Deus." Os filhos de Eli demonstraram um comportamento abusivo e egoísta, que pode ser interpretado como uma forma de vício em poder e prazer.

Nabucodonosor, rei da Babilônia, é outro exemplo de comportamento compulsivo, neste caso, relacionado ao orgulho e à autoidolatria. Em Daniel capítulo 4, Nabucodonosor é punido por Deus por sua arrogância: "Enquanto a palavra ainda estava na boca do rei, veio uma voz do céu: 'Ó rei Nabucodonosor, a você se diz: O reino foi tirado de você. Você será expulso do meio dos homens e a sua morada será com os animais do campo. Você comerá capim como os bois e passar-se-ão sete tempos por cima de você, até que você reconheça que o Altíssimo tem domínio sobre o reino dos homens e o dá a quem quer.'" (Daniel: capítulo 4, versículos 31 e 32). O comportamento de Nabucodonosor, impulsionado por seu orgulho, pode ser visto como uma forma de vício em poder e autoidolatria.

Esses exemplos mostram que, embora a Bíblia não fale diretamente sobre "vício" como entendemos hoje, ela aborda muitos comportamentos que podem ser considerados compulsivos e que afastam as pessoas de Deus.

A parábola do filho pródigo em Lucas: capítulo 15, versículos 11 a 32, é outra ilustração poderosa do vício e da redenção. O filho mais jovem, em sua busca por satisfação imediata, desperdiça sua herança em uma vida desregrada. Quando ele atinge o fundo do poço, reconhece seu erro e retorna ao pai, que o recebe de volta com amor e perdão. Esta parábola não só mostra a devastação causada pelo comportamento viciado, mas também a esperança de redenção e restauração através do arrependimento e da graça.

Podemos perceber de acordo com essa parábola que a Bíblia oferece um caminho para a recuperação e a restauração. A confissão e o arrependimento são passos fundamentais no processo de libertação do vício. Através da confissão, a pessoa reconhece sua escravidão ao pecado e sua necessidade da graça transformadora de Deus.

Outro aspecto importante é a renovação da mente, como descrito em Romanos: capítulo 12, versículo 2: "Não se amoldem ao padrão deste mundo, mas transformem-se pela renovação da sua mente. Então, serão capazes de experimentar e comprovar a boa, agradável e perfeita vontade de Deus".

A renovação da mente implica uma transformação profunda que afeta pensamentos, atitudes e comportamentos, permitindo a pessoa resistir às tentações e vencer os padrões viciantes.

A teologia cristã contemporânea continua a oferecer perspectivas valiosas sobre o vício, integrando insights bíblicos com descobertas modernas nas ciências comportamentais e sociais. Disciplinas espirituais podem ajudar a romper com padrões viciantes e promover uma vida de santidade e liberdade. Práticas como a oração, o jejum e a meditação são ferramentas poderosas para a transformação interior, ajudando a reorientar o coração e a mente para Deus.

Quando exploramos a natureza do vício à luz da Bíblia observamos estratégias práticas para a recuperação. O vício pode ser visto como uma questão de adoração, onde a pessoa adora algo ou alguém que não é Deus.

A batalha contra o vício deve ser travada tanto no nível espiritual quanto no físico. É uma abordagem holística que inclui oração, estudo bíblico, aconselhamento, terapia e participação ativa na vida da igreja. A mudança duradoura vem através da transformação do coração, que é obra do Espírito Santo.

Fé e Recuperação

A fé cristã é uma ferramenta poderosa na luta contra o vício, oferecendo não apenas uma estrutura moral e ética, mas também recursos espirituais que podem transformar vidas. Este tópico explora como a fé pode ser um meio eficaz de recuperação, proporcionando esperança, força e renovação para aqueles que estão presos em ciclos de comportamentos autodestrutivo.

A fé cristã oferece uma base sólida para a recuperação, enfatizando a necessidade de dependência de Deus. Em Filipenses: capítulo 4, versículo 13, Paulo declara: "Tudo posso naquele que me fortalece", sublinhando que, através de Cristo, os cristãos têm acesso a uma fonte inesgotável de força e resiliência. Este versículo é frequentemente citado por aqueles que enfrentam desafios enormes, incluindo a batalha contra o vício.

O papel da fé na recuperação também é destacado em 2º Coríntios: capítulo 5, versículo 17: "Portanto, se alguém está em Cristo, é nova criação. As coisas antigas já passaram; eis que surgiram coisas novas". Este versículo encapsula a promessa de transformação e renovação oferecida por meio da fé em Cristo. A ideia de ser uma nova criação dá esperança e motivação para aqueles que buscam superar o vício, mostrando que, através de Cristo, é possível abandonar as velhas práticas e viver uma vida nova e redimida.

A Bíblia também nos mostra exemplos práticos de como a fé pode impactar a vida de uma pessoa que luta contra o vício. Um exemplo notável é o relato do encontro de Jesus com a mulher samaritana no poço, em João: capítulo 4, versículos 1 a 42. Nesta passagem, Jesus oferece à mulher "água viva", que simboliza a transformação espiritual que Ele proporciona. Jesus não apenas confronta o pecado da mulher, mas também oferece a redenção e a nova vida que vem através da fé Nele.

A graça é outro princípio crucial. Efésios: capítulo 2, versículos 8 e 9 afirma: "Pois vocês são salvos pela graça, por meio da fé, e isto não vem de vocês, é dom de Deus; não por obras, para que ninguém se glorie". A graça de Deus é um presente imerecido que proporciona perdão e a oportunidade de um novo começo. Este princípio é fundamental para aqueles que lutam contra o vício, pois enfatiza que a recuperação não é baseada no próprio esforço, mas na misericórdia e no poder transformador de Deus.

Queremos enfatizar novamente que acerca da nova criação em Cristo, pois ela é outro princípio fundamental. Este conceito enfatiza que, em Cristo, somos feitos novos e que o passado, com todas as suas falhas e vícios, é abandonado. Isso dá aos cristãos uma nova identidade e a esperança de uma vida transformada.

Além disso, a perseverança é um princípio bíblico vital para a recuperação. Tiago: capítulo 1, versículo 12 diz: "Feliz é o homem que persevera na provação, porque depois de aprovado receberá a coroa da vida que Deus prometeu aos que o amam". A recuperação do vício é um processo que muitas vezes envolve desafios contínuos, e a perseverança sustentada pela fé é essencial para alcançar a vitória.

A oração é um recurso espiritual fundamental na recuperação do vício. A oração proporciona um meio de comunicação com Deus, onde os cristãos podem buscar Sua ajuda, expressar suas necessidades e receber Sua paz. A meditação nas Escrituras também é essencial. Meditar na palavra de Deus ajuda a renovar a mente e a alinhar os pensamentos e desejos com a vontade de Deus, fortalecendo a pessoa contra as tentações do vício. A respeito da oração e meditação falarei mais detalhadamente um pouco à frente.

Ordenanças cristãs, como a Ceia do Senhor também conhecida como Eucaristia, oferecem momentos de renovação espiritual e comunhão com Cristo. Participar desses momentos sagrados ajuda os cristãos a reafirmar sua fé e a se fortalecer na caminhada de recuperação.

Outro recurso espiritual vital é o jejum. Em Mateus: capítulo 6, versículos 16 a 18, Jesus instrui sobre a prática do jejum, enfatizando que deve ser feito de forma humilde e sincera. O jejum pode ajudar os cristãos a focar em Deus, a fortalecer a autodisciplina e a buscar uma maior sensibilidade espiritual.

Oração e Meditação

A oração e a meditação são práticas espirituais centrais na vida cristã que desempenham um papel vital na recuperação do vício. Estas práticas fornecem um meio de comunicação com Deus, ajudam a fortalecer a fé e promovem a cura interior.

A oração é um recurso poderoso para aqueles que estão lutando contra o vício. Ela permite que as pessoas levem suas preocupações, medos e esperanças a Deus, buscando Sua ajuda e orientação. Em Filipenses: capítulo 4, versículos 6 e 7, Paulo encoraja os cristãos: "Não andem ansiosos por coisa alguma, mas em tudo, pela oração e súplicas, e com ação de graças, apresentem seus pedidos a Deus. E a paz de Deus, que excede todo o entendimento, guardará os seus corações e as suas mentes em Cristo Jesus". Estes versículos destacam a importância de confiar em Deus e buscar Sua paz através da oração.

Existem diferentes tipos de oração que podem ser particularmente úteis na recuperação do vício:

Oração de Adoração: Significa expressar amor e adoração a Deus por quem Ele é. Define-se por louvar a grandeza e a santidade de Deus. O Salmos 95 é uma oração de adoração, louvando a grandeza e a santidade de Deus.

Oração de Intercessão: Pedir a Deus em favor de outros ou por situações específicas. Em 1º Timóteo: capítulo 2, versículo 1, Paulo exorta: "Antes de tudo, recomendo que se façam súplicas, orações, intercessões e ações de graças por todos os homens". A oração intercessora pode ser um ato poderoso de apoio comunitário, onde as pessoas oram umas pelas outras.

Oração de Confissão: Reconhecer e confessar pecados a Deus. Em 1º João: capítulo 1, versículo 9, está escrito: "Se confessarmos os nossos pecados, ele é fiel e justo para nos perdoar os pecados e nos purificar de toda injustiça". A confissão regular ajuda a manter um coração puro e a buscar a transformação contínua.

Oração de Gratidão: Agradecer a Deus por Suas bênçãos e provisões. Em 1º Tessalonicenses: capítulo 5, versículo 18, Paulo instrui: "Deem graças em todas as circunstâncias, pois esta é a vontade de Deus para vocês em Cristo Jesus". A gratidão pode mudar a perspectiva e fortalecer a resistência mental, emocional e espiritual.

Oração de Petição: Fazer pedidos específicos a Deus. Em Marcos: capítulo 11, versículo 24, Jesus ensina: "Portanto, eu lhes digo: tudo o que vocês pedirem em oração, creiam que já o receberam, e assim sucederá". Esta forma de oração pode ajudar a fortalecer a fé e a confiança em Deus.

A oração também serve como um lembrete constante da presença e do poder de Deus na vida do cristão. Em Mateus: capítulo 6, versículos 9 a 13, Jesus ensina a Oração do Pai Nosso, que inclui petições por provisão diária, perdão e proteção contra o mal. Esta oração modelo sublinha a dependência diária de Deus para todas as necessidades, incluindo a força para resistir ao vício.

Em Efésios: capítulo 6, versículo 18, Paulo exorta: "Orem no Espírito em todas as ocasiões, com toda oração e súplica; tendo isso em mente, estejam atentos e perseverem na oração por todos os santos". Isso reforça a necessidade de uma vida de oração constante e diligente, especialmente na luta contra o vício.

A meditação, embora muitas vezes associada a tradições orientais, também tem profundas raízes na espiritualidade cristã. Meditação é a prática de focar a mente em um único pensamento, objeto ou atividade, de forma a alcançar um estado de clareza mental e emocional.

Na espiritualidade cristã, meditar significa refletir profundamente sobre as Escrituras e a presença de Deus. Diferente de outras formas de meditação que podem buscar esvaziar a mente, a meditação cristã busca preencher a mente com a verdade de Deus, promovendo uma mente calma e um coração aberto.

Em Josué: capítulo 1, versículo 8, Deus instrui: "Não deixe de falar as palavras deste Livro da Lei e de meditar nelas de dia e de noite, para que você cumpra fielmente tudo o que nele está escrito. Só então os seus caminhos prosperarão e você será bem-sucedido". Este versículo destaca a importância de meditar nas Escrituras como uma maneira de alinhar os pensamentos e ações com a vontade de Deus.

A meditação nas Escrituras pode envolver:

Leitura Devocional: Ler passagens bíblicas lentamente e refletir sobre elas. Perguntar como as palavras se aplicam à própria vida e permitir que Deus fale através delas. Em Salmos 1, versículo 2, está escrito: "Ao contrário, sua satisfação está na lei do Senhor, e nessa lei medita dia e noite". Isso mostra a alegria e a satisfação que vêm de meditar na Palavra de Deus continuamente.

Memorização das Escrituras: Memorizar versículos bíblicos para que possam ser lembrados e meditados durante o dia. O Salmos 119, versículo 11, diz: "Guardei no coração a tua palavra para não pecar contra ti". Ter a Palavra de Deus armazenada no coração pode ser uma fonte constante de encorajamento e orientação.

Silêncio e Solitude: Reservar tempo para estar em silêncio diante de Deus, permitindo que Ele fale ao coração. Em Lamentações: capítulo 3, versículos 25 a 28, lemos: "Bom é o Senhor para os que esperam por ele, para a alma que o busca. Bom é aguardar a salvação do Senhor, e isso, em silêncio". O silêncio pode ser uma forma poderosa de ouvir a voz de Deus e receber Suas instruções.

Journaling Espiritual: Escrever reflexões sobre passagens bíblicas, orações e o que Deus está falando ao coração. Esta prática pode ajudar a clarificar pensamentos e registrar o crescimento espiritual ao longo do tempo.

Lectio Divina: Uma prática antiga de meditação nas Escrituras que envolve quatro etapas: leitura (lectio), meditação (meditatio), oração (oratio) e contemplação (contemplatio). Este método ajuda a aprofundar a compreensão e a experiência das Escrituras.

Meditação Contemplativa: Envolve focarmos em um versículo bíblico ou em um aspecto do caráter de Deus, permitindo que Ele fale ao nosso coração. Exemplo: Repetir e refletir sobre o Salmos 46, versículo 10: "Aquietem-se e saibam que eu sou Deus".

Meditação de Atenção Plena: Envolve Concentrarmos na respiração ou em um simples pensamento, trazendo a mente de volta ao presente sempre que ela vagueia. Exemplo: Focar na frase "Senhor, tem misericórdia de mim", enquanto respira profundamente.

Meditação Guiada: Envolve seguirmos uma meditação conduzida por uma gravação ou um líder, que pode incluir oração e reflexão bíblica. Exemplo: Usar um aplicativo de meditação cristã que guie através de passagens bíblicas e oração.

Aqui estão alguns passos para praticar a meditação:

Escolha um Lugar Calmo: Encontre um ambiente tranquilo onde você não será interrompido.

Sente-se Confortavelmente: Mantenha uma postura relaxada, mas alerta.

Defina um Tempo: Comece com sessões de 5 a 10 minutos e aumente gradualmente.

Foque na Respiração: Respire profundamente e mantenha a atenção na respiração para ajudar a centrar a mente.

Use a Escritura: Escolha um versículo ou uma passagem para meditar, repetindo-o lentamente e refletindo sobre seu significado.

Permaneça em Silêncio: Permita-se momentos de silêncio, ouvindo a voz de Deus e observando os pensamentos que surgem sem julgamento. Caso a mente divague, volte a concentrar-se na respiração.

Integrar a oração e a meditação no dia a dia de uma pessoa em recuperação pode transformar sua jornada de cura.

A prática da oração e da meditação tem sido associada a benefícios tangíveis na saúde mental e emocional. A prática regular de meditação pode levar a uma redução significativa nos sintomas de ansiedade e depressão, além de melhorar a resiliência emocional. Esses benefícios são especialmente importantes para aqueles que estão lutando contra o vício, pois ajudam a construir uma base sólida de bem-estar emocional que pode suportar a jornada de recuperação.

A oração e a meditação também desempenham um papel crucial na renovação da mente, conforme descrito anteriormente em Romanos: capítulo 12, versículo 2. A renovação da mente é um processo contínuo que envolve substituir pensamentos negativos e destrutivos por verdades bíblicas e promessas de Deus. Esta prática ajuda a criar um novo padrão de pensamento que apoia a recuperação e promove uma vida de santidade e liberdade.

A integração da oração e da meditação na vida diária pode criar um alicerce espiritual forte. Essas práticas ajudam a estabelecer uma rotina de busca por Deus, promovendo um relacionamento mais profundo com Ele.

Perdão e Graça

O perdão e a graça são conceitos fundamentais na teologia cristã e desempenham um papel crucial na recuperação do vício. Estes elementos oferecem um caminho para a reconciliação com Deus, consigo mesmo e com os outros, proporcionando uma base para a cura e a transformação.

A Bíblia ensina que o perdão é essencial para a restauração das relações e para a libertação do peso do pecado. Em Mateus: capítulo 6, versículos 14 e 15, Jesus diz: "Porque, se perdoarem as ofensas uns dos outros, o Pai celestial também lhes perdoará. Mas, se não perdoarem uns aos outros, o Pai celestial não lhes perdoará as ofensas". Este versículo destaca a importância do perdão mútuo como uma condição para receber o perdão de Deus.

Além disso, o perdão é um caminho para a cura emocional. O ato de perdoar liberta a pessoa da amargura e do ressentimento que podem corroer a alma. Em Efésios: capítulo 4, versículo 32, Paulo instrui: "Sejam bondosos e compassivos uns para com os outros, perdoando-se mutuamente, assim como Deus os perdoou em Cristo". O perdão deve ser um reflexo do perdão que recebemos de Deus, promovendo a paz interior e a reconciliação com os outros.

Perdoar os outros também é uma maneira de imitar o caráter de Deus. Em Colossenses: capítulo 3, versículo 13, Paulo nos lembra: "Suportem-se uns aos outros e perdoem as queixas que tiverem uns contra os outros. Perdoem como o Senhor lhes perdoou". Este versículo destaca que o perdão é uma expressão do amor e da graça que Deus nos concedeu.

O perdão é um processo de libertação que afeta profundamente a saúde emocional e espiritual: "O ato de perdoar é uma escolha consciente de liberar o ressentimento e a raiva, permitindo que a cura e a paz preencham nosso coração".

A graça de Deus é um presente imerecido que oferece perdão e a possibilidade de um novo começo. A graça enfatiza que a salvação e a transformação não são alcançadas pelos próprios méritos, mas pelo amor e misericórdia de Deus.

A graça transformadora de Deus tem o poder de mudar vidas de maneiras profundas. Em 2º Coríntios: capítulo 12, versículo 9, Paulo compartilha uma revelação de Deus: "Minha graça é suficiente para você, pois o meu poder se aperfeiçoa na fraqueza". Esta passagem nos lembra que a graça de Deus é suficiente para superar qualquer fraqueza, incluindo o vício.

Além disso, Tito: capítulo 2, versículos 11 e 12 declara: "Porque a graça de Deus se manifestou salvadora a todos os homens. Ela nos ensina a renunciar à impiedade e às paixões mundanas e a viver de maneira sensata, justa e piedosa nesta era presente". A graça não apenas perdoa, mas também ensina e capacita o cristão a viver uma vida que agrada a Deus.

A graça de Deus é um aspecto fundamental no processo da transformação pessoal. "A graça de Deus é a força motriz que nos permite superar nossas falhas e limitações. É através da Sua graça que encontramos o caminho para a verdadeira mudança".

No contexto da recuperação do vício, o perdão e a graça desempenham papéis fundamentais. Muitas vezes, o vício está associado a sentimento de culpa, vergonha e arrependimento. O reconhecimento do próprio pecado e a necessidade de perdão são passos importantes no processo de cura.

Muitas pessoas que lutam contra o vício precisam aprender a se perdoar. O autoperdão é crucial para a recuperação, pois permite que a pessoa abandone o passado e siga em frente. Ele é um dos passos mais difíceis, mas essenciais, para a recuperação e a paz interior. "Perdoar a si mesmo é libertar-se das correntes invisíveis que nos prendem ao passado e nos impedem de avançar".

Relacionamentos quebrados muitas vezes acompanham o vício. Buscar e conceder perdão a outros é uma parte vital da restauração. Em Mateus: capítulo 5, versículos 23 e 24, Jesus instrui: "Portanto, se você estiver apresentando sua oferta no altar e ali se lembrar de que seu irmão tem algo contra você, deixe sua oferta ali, diante do altar, e vá primeiro reconciliar-se com seu irmão; depois volte e apresente sua oferta". A reconciliação com os outros é essencial para uma recuperação completa. O perdão aos outros não é apenas um presente para quem o recebe, mas uma libertação para quem o oferece.

Viver na graça de Deus significa aceitar Seu amor e perdão diariamente. Em Lamentações: capítulo 3, versículos 22 e 23, é dito: "Graças ao grande amor do Senhor é que não somos consumidos, pois as suas misericórdias são inesgotáveis. Renovam-se cada manhã; grande é a sua fidelidade". Esta renovação diária da graça de Deus oferece força e esperança contínuas para aqueles em recuperação.

A graça e o perdão não são apenas conceitos teológicos abstratos, mas realidades práticas que podem transformar a vida de uma pessoa. Eles fornecem um fundamento sólido sobre o qual construir uma nova vida, livre do domínio do vício.

A transformação através da graça é um processo contínuo que envolve a renovação diária da mente e do coração. A renovação da mente é essencial para superar os padrões de pensamento e comportamento que sustentam o vício.

A graça também nos ensina a viver de maneira sensata, justa e piedosa. Em Tito: capítulo 2, versículos 11 e 12, Paulo escreve: "Porque a graça de Deus se manifestou salvadora a todos os homens. Ela nos ensina a renunciar à impiedade e às paixões mundanas e a viver de maneira sensata, justa e piedosa nesta era presente". Este ensino contínuo da graça ajuda os cristãos a desenvolver um estilo de vida que honra a Deus e promove a saúde e o bem-estar.

Cultivando a Esperança e a Resiliência

A esperança e a resiliência são componentes essenciais na jornada de recuperação do vício. A teologia bíblica-cristã oferece uma base sólida para cultivar essas qualidades, proporcionando força e encorajamento para aqueles que enfrentam desafios significativos.

A esperança cristã é ancorada na confiança em Deus e nas promessas de Sua Palavra. Jeremias: capítulo 29, versículo 11, afirma: "Porque sou eu que conheço os planos que tenho para vocês, diz o Senhor, planos de fazê-los prosperar e não de causar dano, planos de dar a vocês esperança e um futuro". Este versículo destaca que Deus tem planos de bem para Seus filhos, oferecendo-lhes um futuro cheio de esperança.

A esperança em Cristo é fundamentada na certeza da salvação e na expectativa de uma vida eterna. Em Romanos: capítulo 15, versículo 13, Paulo escreve: "Que o Deus da esperança os encha de toda alegria e paz, por sua confiança nele, para que vocês transbordem de esperança, pelo poder do Espírito Santo". A esperança traz alegria e paz, capacitando os cristãos a enfrentar as dificuldades com uma perspectiva positiva.

Rick Warren, em seu livro "Uma Vida com Propósitos", destaca que a esperança em Deus é fundamental para encontrar propósito e significado na vida. A verdadeira esperança não é encontrada nas circunstâncias da vida, mas em saber que Deus tem um plano para nós e que Ele é fiel para cumpri-lo.

A resiliência espiritual é a capacidade de perseverar na fé diante de adversidades. A Bíblia está repleta de exemplos de resiliência, mostrando como a fé em Deus pode sustentar os cristãos durante tempos difíceis. Em Tiago: capítulo 1, versículos 2 a 4, lemos: "Meus irmãos, considerem motivo de grande alegria o fato de passarem por diversas provações, pois vocês sabem que a prova da sua fé produz perseverança. E a perseverança deve ter ação completa, a fim de que vocês sejam maduros e íntegros, sem lhes faltar coisa alguma". A resiliência é cultivada através das provações, levando à maturidade espiritual.

A resiliência espiritual é desenvolvida através de um relacionamento íntimo com Deus: "A resiliência vem de saber que Deus está presente em nossas lutas e que Ele usa nossas dificuldades para nos moldar e fortalecer".

A Bíblia contém inúmeras promessas que fortalecem a esperança e a resiliência dos cristãos. Citamos anteriormente, Filipenses: capítulo 4, versículo 13. Agora citamos outro versículo encorajador que é, Isaías: capítulo 40, versículo 31: "Mas aqueles que esperam no Senhor renovam as suas forças. Voam alto como águias; correm e não ficam exaustos, andam e não se cansam". Este versículo ressalta que a espera em Deus traz renovação e força contínuas.

C. S. Lewis, em seu livro "Cristianismo Puro e Simples", escreve sobre a importância das promessas de Deus. As promessas de Deus são como âncoras para a alma, seguras e firmes, que nos mantêm estáveis em meio às tempestades da vida.

Existem várias práticas espirituais que podem ajudar a cultivar esperança e resiliência na vida cristã:

Oração: A oração é uma prática central que conecta os cristãos com Deus. Ela proporciona uma maneira de buscar orientação, força e encorajamento. Em Filipenses: capítulo 4, versículos 6 e 7, Paulo escreve: "Não andem ansiosos por coisa alguma, mas em tudo, pela oração e súplicas, e com ação de graças, apresentem seus pedidos a Deus. E a paz de Deus, que excede todo o entendimento, guardará os seus corações e as suas mentes em Cristo Jesus". A oração regular ajuda a manter a esperança viva e a fortalecer a resiliência.

Leitura e Meditação das Escrituras: A leitura e a meditação nas Escrituras proporcionam uma base sólida de verdade e encorajamento. Em Salmos 119, versículo 105, lemos: "A tua palavra é lâmpada que ilumina os meus passos e luz que clareia o meu caminho". A meditação nas promessas de Deus ajuda a renovar a mente e a manter o foco na esperança.

Comunhão com Outros Cristãos: A comunhão com outros cristãos oferece apoio e encorajamento mútuos. Em Provérbios: capítulo 27, versículo 17, é dito: "Assim como o ferro afia o ferro, o homem afia o seu companheiro". A participação em grupos de estudos bíblicos, cultos e outras atividades da igreja fortalece a resiliência através do apoio comunitário.

Serviço ao Próximo: Servir aos outros é uma maneira de demonstrar o amor de Cristo e de encontrar propósito e significado. Em Gálatas: capítulo 5, versículo 13, Paulo instrui: "Irmãos, vocês foram chamados para a liberdade. Mas não usem a liberdade para dar ocasião à vontade da carne; ao contrário, sirvam uns aos outros mediante o amor". O serviço ao próximo ajuda a manter a perspectiva e a fortalecer a esperança e a resiliência. Aqui abre-se o espaço para os serviços de voluntariados.

Cultivo da Gratidão: A gratidão é uma prática poderosa que transforma a perspectiva e fortalece a esperança. Em 1º Tessalonicenses: capítulo 5, versículo 18, Paulo instrui: "Deem graças em todas as circunstâncias, pois esta é a vontade de Deus para vocês em Cristo Jesus". A gratidão diária ajuda a reconhecer a graça de Deus em todas as áreas da vida.

Ainda falando sobre a importância da gratidão na vida cristã: "A gratidão é a manifestação de uma alma que reconhece a soberania e a bondade de Deus em todas as coisas. Ela nos mantém centrados em Sua graça e nos ajuda a enfrentar as adversidades com fé e esperança".

Também falamos anteriormente sobre a prática da meditação diária. Ela pode funcionar como uma forma de fortalecer a resiliência: "A meditação diária nas Escrituras e nas promessas de Deus é essencial para renovar a mente e manter a esperança. É através da meditação que internalizamos as verdades de Deus e permitimos que elas transformem nossa perspectiva e nossa vida".

A Teologia Bíblica-Cristã e Sua Perspectiva sobre o Vício

A teologia bíblica-cristã oferece uma visão abrangente sobre o vício, abordando suas raízes, impactos e o caminho para a recuperação. Esta perspectiva se baseia na compreensão da natureza humana, do pecado e da redenção em Cristo.

A Bíblia ensina que todos os seres humanos foram criados à imagem de Deus, mas que o pecado distorceu essa imagem. Em Gênesis: capítulo 1, versículo 27, lemos: "Criou Deus o homem à sua imagem, à imagem de Deus o criou; homem e mulher os criou". Isso significa que, embora tenhamos sido criados com dignidade e propósito, o pecado corrompeu nossa natureza.

Romanos: capítulo 3, versículo 23 afirma: "Pois todos pecaram e estão destituídos da glória de Deus". O pecado é uma realidade universal que afeta todos os aspectos da vida humana, incluindo nossas inclinações e comportamentos. O vício pode ser visto como uma manifestação do pecado, uma compulsão que nos separa de Deus e dos outros.

O pecado afeta a natureza humana: "O pecado é mais do que atos isolados de transgressão; é uma condição arraigada que distorce nossos desejos e nos afasta de Deus. O vício é um exemplo claro de como o pecado pode dominar e destruir vidas".

A boa notícia do evangelho é que, apesar da realidade do pecado, Deus oferece redenção e transformação através de Jesus Cristo. Em Romanos: capítulo 6, versículo 23, Paulo escreve: "Pois o salário do pecado é a morte, mas o dom gratuito de Deus é a vida eterna em Cristo Jesus, nosso Senhor". A redenção em Cristo oferece uma nova vida e a possibilidade de libertação do poder do pecado.

Aprendemos que se alguém está em Cristo é nova criatura e que o passado se fez novo. Esta transformação é uma renovação completa que afeta todas as áreas da vida, incluindo aquelas controladas pelo vício.

A profundidade da redenção em Cristo também pode ser vista da seguinte maneira: "Ser redimido em Cristo significa ser chamado para uma nova vida, uma vida de obediência e santidade. A graça de Deus nos transforma e nos capacita a viver de acordo com Sua vontade".

A transformação ou o processo diário de santificação do cristão na teologia bíblica-cristã é um processo contínuo que envolve várias etapas:

Arrependimento e Confissão: O primeiro passo para a transformação é reconhecer o pecado e confessá-lo a Deus como vimos anteriormente em 1º João: capítulo 1, versículo 9. O arrependimento genuíno é um reconhecimento da nossa necessidade de Deus e um desejo de mudar.

Fé em Cristo: A transformação só é possível através da fé em Jesus Cristo. A fé em Cristo é a base da nova vida que Deus oferece.

Renovação da Mente: A transformação envolve uma renovação contínua da mente conforme aprendemos em Romanos:

capítulo 12, versículo 2. A meditação nas Escrituras e a oração são fundamentais para essa renovação.

Vida em Comunidade: A transformação é um processo que também ocorre em comunidade. Em Hebreus: capítulo 10, versículos 24 e 25, somos exortados a "considerar uns aos outros para nos incentivarmos ao amor e às boas obras. Não deixemos de reunir-nos como igreja, segundo o costume de alguns, mas procuremos encorajar-nos uns aos outros". A comunidade de fé oferece suporte e encorajamento essenciais para a jornada de transformação.

Considerações

Este capítulo explorou a profundidade e a riqueza da teologia bíblica-cristã na abordagem do vício, oferecendo um caminho de esperança, perdão e transformação. Através da compreensão da natureza humana, do pecado, da redenção em Cristo e da importância das disciplinas espirituais e da comunidade de fé, encontramos uma base sólida para enfrentar e superar o vício e dentro do nosso contexto o vício em pornografia.

Refletir sobre a jornada de recuperação à luz da teologia bíblica-cristã nos revela que Deus é a fonte de toda esperança, graça e transformação. As Escrituras nos lembram continuamente de que não estamos sozinhos em nossas lutas e que Deus está conosco em cada passo do caminho. Em Romanos: capítulo 15, versículo 13, somos encorajados a transbordar de esperança pelo poder do Espírito Santo.

A teologia bíblica nos ensina que o vício é uma manifestação do pecado que distorce a imagem de Deus em nós, mas também nos oferece a esperança de redenção e nova vida em Cristo. A renovação e transformação que Cristo oferece são completas e abrangem todas as áreas de nossa vida, incluindo aquelas controladas pelo vício.

Para as pessoas que estão lutando com o vício em pornografia, a mensagem central deste capítulo é de esperança e renovação. A fé em Cristo oferece uma base sólida para enfrentar os desafios do vício e encontrar libertação. Através do perdão, da graça, da oração, do jejum e da meditação nas Escrituras, você pode experimentar a transformação que Deus oferece.

Lembre-se de que a jornada de recuperação é contínua e que Deus está com você em cada passo do caminho. Como Paulo nos encoraja em Filipenses: capítulo 1, versículo 6: "Estou convencido de que aquele que começou boa obra em vocês, vai completá-la até o dia de Cristo Jesus". Confie em Deus, busque Sua graça diariamente e permita que Sua Palavra renove sua mente e coração.

Capítulo 3: PNL e Mudança de Comportamento

A luta contra o vício, especialmente em áreas como a pornografia, é uma batalha complexa que muitas pessoas enfrentam diariamente. A sensação de estar preso em um ciclo vicioso pode levar a sentimentos de desesperança, vergonha e frustração, tornando a jornada para a recuperação, muitas vezes, árdua e solitária. No entanto, a combinação de ciência e espiritualidade oferece um caminho promissor para a recuperação e transformação pessoal. Neste contexto, a PNL (programação neurolinguística) emerge como uma ferramenta poderosa e eficaz para ajudar na mudança de comportamentos viciantes.

Imagine a capacidade de reprogramar sua mente, transformando padrões de pensamento negativos e comportamentos destrutivos em ações e atitudes que promovem a saúde e o bem-estar. A PNL oferece exatamente isso. Ela busca entender como nossos pensamentos e palavras influenciam nossas ações e emoções, e como podemos modificar esses padrões para alcançar resultados mais positivos em nossas vidas.

A PNL (programação neurolinguística) é uma abordagem que estuda a relação entre nossos processos neurológicos (neuro), a linguagem (linguística) e os padrões de comportamento que desenvolvemos ao longo do tempo (programação). Em termos simples, a PNL busca compreender como nossas percepções do mundo, moldadas por nossos pensamentos e linguagem, influenciam nossas ações e emoções. A premissa central da PNL é que, ao modificar nossos padrões mentais e linguísticos, podemos reprogramar nossos comportamentos para alcançar resultados mais positivos.

PNL, de forma simplificada, pode ser descrita como a "linguagem da mente". Assim como podemos aprender a falar novos idiomas, também podemos aprender a usar a linguagem de forma mais eficaz para comunicar e influenciar nosso próprio comportamento e o dos outros. A PNL oferece ferramentas para entender e modificar esses padrões de linguagem e pensamento, ajudando a moldar nossas experiências de vida de maneira mais positiva.

Nos anos 1970, na Califórnia, Richard Bandler, então estudante de psicologia, e John Grinder, professor de linguística, iniciaram uma jornada para descobrir como os melhores terapeutas da época conseguiam resultados excepcionais com seus pacientes. Eles se debruçaram sobre o trabalho de figuras renomadas como Milton Erickson, um pioneiro da hipnoterapia; Virginia Satir, uma terapeuta familiar; e Fritz Perls, criador da Gestalt-terapia.

Bandler e Grinder perceberam que esses terapeutas utilizavam padrões específicos de linguagem e comportamento que influenciavam positivamente seus pacientes. Inspirados por essas descobertas, eles começaram a modelar esses padrões e desenvolveram uma série de técnicas e princípios que formam a base da PNL. Desde então, a PNL evoluiu e se expandiu, sendo aplicada em diversos contextos, como terapia, coaching, negócios e desenvolvimento pessoal, ajudando pessoas ao redor do mundo a transformar suas vidas.

Os princípios fundamentais da PNL são a base sobre a qual todas as suas técnicas e estratégias são construídas. Vamos explorar esses princípios com mais profundidade:

O Mapa Não é o Território: Esta frase, cunhada por Alfred Korzybski, significa que nossa percepção do mundo é apenas uma representação da realidade, não a realidade em si. Cada pessoa cria seu próprio "mapa" mental do mundo, baseado em suas experiências, crenças e valores. A PNL busca entender e, se necessário, modificar esses mapas para criar mudanças positivas. Por exemplo, enquanto uma pessoa pode ver uma situação estressante como insuperável (seu mapa), outra pode vê-la como um desafio a ser superado. A compreensão de que nossas percepções são apenas interpretações nos permite ser mais flexíveis e abertos a novas possibilidades.

A Comunicação Acontece em Vários Níveis: A comunicação vai muito além das palavras que falamos. Inclui nossa linguagem corporal, tom de voz, expressões faciais e outros sinais não verbais. Ser consciente desses diferentes níveis de comunicação nos permite ser mais eficazes ao nos comunicarmos com os outros e ao entender a nós mesmos. Por exemplo, uma pessoa pode dizer que está bem, mas seu corpo pode estar revelando sinais de estresse ou desconforto. Na PNL, aprender a ler e usar esses sinais pode melhorar significativamente nossa comunicação e compreensão.

Existem Recursos Suficientes para Mudança em Cada Pessoa: A PNL parte do pressuposto de que todos possuem os recursos necessários para realizar mudanças significativas em suas vidas. Esses recursos podem estar adormecidos ou não totalmente utilizados, mas estão presentes e podem ser acessados e potencializados através das técnicas da PNL. Esta crença empodera as pessoas a verem que têm o potencial de mudar e crescer, independentemente das circunstâncias externas. Por exemplo, alguém que luta com a autoestima pode descobrir recursos internos de autoconfiança e valor através das práticas de PNL.

A Flexibilidade é a Chave para o Sucesso: Ser flexível e adaptável é crucial para alcançar resultados desejados. A PNL ensina que aqueles que têm mais opções de comportamento em qualquer situação são mais propensos a alcançar seus objetivos. Isso significa que a capacidade de ajustar nossas respostas e estratégias diante de novos desafios é essencial para o sucesso. Em vez de ficar preso a uma única maneira de fazer as coisas, a PNL nos encoraja a explorar diferentes abordagens até encontrarmos a mais eficaz. Por exemplo, se uma técnica não está funcionando para superar um comportamento viciante, a flexibilidade nos permite tentar outra abordagem até encontrar uma que funcione.

Todos os Comportamentos Têm uma Intenção Positiva: A PNL acredita que, por trás de cada comportamento, mesmo os aparentemente negativos, existe uma intenção positiva. Por exemplo, uma pessoa pode recorrer ao vício em pornografia para aliviar o estresse ou escapar da realidade. Identificar e redirecionar essa intenção positiva é uma parte fundamental da PNL. Ao entender a intenção subjacente, podemos encontrar maneiras mais saudáveis e eficazes de satisfazer essas necessidades. Isso não significa justificar comportamentos prejudiciais, mas sim entender suas raízes para poder transformá-los.

PNL e Vício

Vamos aprofundar a aplicação da PNL no contexto do vício, compreendendo como essa abordagem pode ser utilizada para reprogramar comportamentos viciantes e promover uma transformação duradoura.

Imagine poder desvendar os segredos dos seus pensamentos e comportamentos, descobrindo como eles teceram a rede do vício e, mais importante, como você pode desfazê-la. A PNL vê o vício não apenas como uma questão de força de vontade, mas como um padrão de comportamento e pensamento que pode ser modificado.

A PNL considera como estruturamos nossas experiências internas e externas, e como essas estruturas influenciam nossos comportamentos. Ao entender e modificar esses padrões, podemos abrir a porta para mudanças profundas e duradouras.

Identificação de Padrões Negativos: A PNL ajuda a identificar os gatilhos e padrões que levam ao comportamento viciante. Pense em como um detetive desvendando pistas ocultas. Esses padrões podem incluir pensamentos automáticos, reações emocionais e comportamentos habituais. Por exemplo, você pode perceber que recorre à pornografia como um mecanismo de enfrentamento quando se sente estressado ou ansioso.

Reestruturação Cognitiva: Depois de identificar os padrões negativos, a PNL oferece ferramentas para reestruturá-los. Isso envolve mudar a maneira como você percebe e interpreta suas experiências. Técnicas como o reframing ajudam a reformular pensamentos negativos em perspectivas mais positivas e capacitadoras. Imagine transformar uma nuvem escura de negatividade em um horizonte cheio de possibilidades.

Ancoragem de Estados Positivos: A PNL utiliza a ancoragem para associar estados emocionais positivos a estímulos específicos. Isso permite que você acesse rapidamente sentimentos de calma, confiança ou determinação quando confrontado com gatilhos do vício. Pense em criar um refúgio emocional seguro que você pode acessar a qualquer momento.

Visualização e Imagem Guiada: A visualização é uma técnica poderosa na PNL que envolve a criação de imagens mentais vívidas de sucesso e superação. Ao visualizar repetidamente cenários de enfrentamento bem-sucedido, você reforça a crença em sua capacidade de superar o vício. É como criar um filme inspirador na sua mente, onde você é o herói que vence a batalha.

A PNL pode ser aplicada de várias maneiras para ajudar a combater o vício. Vamos explorar algumas das técnicas mais eficazes:

Ancoragem: Imagine poder associar uma resposta emocional específica a um estímulo particular. Por exemplo, sentir uma onda de calma ao pressionar seu polegar contra o indicador.

Isso é ancoragem – uma técnica que pode criar respostas positivas a situações que anteriormente desencadeavam comportamentos viciantes. Imagine ter um botão de "calma instantânea" ao seu alcance, sempre que precisar.

Reframing: O reframing envolve mudar a forma como você percebe uma situação ou experiência. Em vez de ver uma recaída como um fracasso, você pode vê-la como uma oportunidade de aprender e crescer. Isso muda sua reação emocional e comportamental, promovendo uma abordagem mais construtiva para a recuperação. Pense nisso como ajustar a lente através da qual você vê o mundo, mudando de uma visão sombria para uma mais clara e cheia de esperança.

Visualização: A visualização envolve imaginar cenários positivos e bem-sucedidos. Imagine-se vencendo a batalha contra o vício, vivendo uma vida plena e saudável. Essa prática reforça a crença na sua capacidade de mudança e proporciona uma sensação de controle sobre o comportamento viciante. É como esculpir uma estátua de sucesso na sua mente, onde cada detalhe reforça sua convicção de que você pode e vai vencer.

Swish Pattern: O Swish Pattern é uma técnica para interromper padrões de pensamento negativos e substituí-los por pensamentos e imagens positivas e desejáveis. Imagine estar prestes a ceder ao vício, mas, em vez disso, substitui esse impulso por uma imagem poderosa de si mesmo alcançando seus objetivos. É como mudar o canal da sua mente de um filme de terror para um filme de superação e vitória.

Meta Model: O Meta Model utiliza perguntas específicas para desafiar e mudar crenças limitantes que sustentam comportamentos viciantes. Por exemplo, questionar crenças como "Eu nunca conseguirei mudar" ajuda a desmantelar essas barreiras internas. Pense nisso como um diálogo interno onde você desmonta cada obstáculo mental, tijolo por tijolo, até que a barreira desapareça.

Exercícios Práticos de PNL

Agora que você está familiarizado com algumas das técnicas mais poderosas da PNL, vamos explorar exercícios práticos que você pode começar a usar imediatamente para transformar sua vida. Esses exercícios são projetados para ajudá-lo a aplicar as técnicas de PNL de forma prática e eficaz.

Exercício de Ancoragem:

Objetivo: Criar uma âncora emocional positiva para acessar sentimentos de calma e controle.

Encontre um Momento de Calma: Sente-se em um lugar tranquilo e confortável. Feche os olhos e lembre-se de um momento em que você se sentiu extremamente calmo e controlado.

Reviva a Experiência: Tente reviver a experiência em detalhes. Lembre-se do que você viu, ouviu e sentiu. Mergulhe completamente nessa lembrança.

Crie a Âncora: Enquanto estiver imerso nessa lembrança, escolha um gesto físico para associar a essa emoção, como pressionar o polegar contra o indicador. Faça o gesto enquanto revive a sensação de calma.

Repita e Fortaleça: Repita o processo várias vezes para fortalecer a âncora. Use essa âncora sempre que se sentir estressado ou tentado a ceder ao vício.

Exercício de Reframing:

Objetivo: Mudar a interpretação de pensamentos negativos para promover uma resposta emocional mais positiva.

Identifique um Pensamento Negativo: Anote um pensamento negativo recorrente que você gostaria de mudar.

Questione a Validade: Pergunte a si mesmo se esse pensamento é absolutamente verdadeiro. Existe outra maneira de ver a situação?

Crie uma Nova Interpretação: Reformule o pensamento em algo mais positivo e capacitador. Por exemplo, transforme "Eu sempre falho" em "Cada tentativa me aproxima mais do sucesso".

Repita e Pratique: Sempre que o pensamento negativo surgir, pratique o reframing para fortalecer a nova interpretação positiva.

Exercício de Visualização:

Objetivo: Fortalecer a crença na sua capacidade de superar o vício através da visualização de sucesso.

Encontre um Lugar Tranquilo: Sente-se em um lugar calmo e confortável, onde você não será interrompido.

Feche os Olhos e Relaxe: Respire profundamente algumas vezes para relaxar seu corpo e mente.

Crie uma Imagem Positiva: Imagine-se em uma situação onde você normalmente cederia ao vício, mas desta vez, visualize-se respondendo de forma positiva e confiante. Veja-se resistindo ao impulso e sentindo-se orgulhoso de si mesmo.

Adicione Detalhes: Quanto mais detalhes você adicionar à sua visualização, mais poderosa ela será. Inclua o que você vê, ouve, sente e até cheira nesse cenário de sucesso.

Repita Diariamente: Pratique a visualização todos os dias para reforçar sua nova crença em sua capacidade de mudança.

Exercício de Swish Pattern:

Objetivo: Interromper padrões de pensamento negativos e substituí-los por imagens positivas e desejáveis.

Identifique o Gatilho: Pense em uma imagem ou pensamento que desencadeia o comportamento viciante.

Crie uma Imagem de Substituição: Imagine uma imagem positiva e desejável que representa você alcançando seus objetivos.

Faça o Swish: Feche os olhos e visualize a imagem do gatilho. Em seguida, visualize rapidamente a imagem positiva substituindo a negativa, como se estivesse mudando de uma imagem para outra.

Repita Rápida e Intensamente: Repita o processo várias vezes, cada vez mais rápido e com mais intensidade, até que a imagem positiva substitua automaticamente a negativa.

Teste a Nova Resposta: Imagine o gatilho novamente e veja se a imagem positiva aparece automaticamente. Caso contrário, repita o exercício.

Exercício de Meta Model:

Objetivo: Desafiar e mudar crenças limitantes que sustentam comportamentos viciantes.

Identifique uma Crença Limitante: Pense em uma crença que esteja sustentando seu comportamento viciante, como "Eu nunca conseguirei mudar".

Questione a Crença: Faça perguntas para desafiar a validade dessa crença. Perguntas como "Isso é sempre verdade?", "O que eu ganho mantendo essa crença?" ou "Existe alguma evidência de que isso não é verdade?" podem ser úteis.

Reformule a Crença: Crie uma nova crença mais positiva e capacitadora. Por exemplo, reformule "Eu nunca conseguirei mudar" para "Eu tenho a capacidade de mudar e estou aprendendo a fazer isso todos os dias".

Reforce a Nova Crença: Repita a nova crença diariamente e procure evidências em sua vida que a apoiem.

Considerações

Neste capítulo, exploramos detalhadamente como a PNL (programação neurolinguística) pode ser uma ferramenta poderosa para promover mudanças comportamentais significativas, especialmente no contexto do vício em pornografia. As técnicas e princípios da PNL oferecem estratégias práticas e eficazes para reprogramar a mente, substituindo padrões de comportamento negativos por ações que promovem o bem-estar e a saúde mental.

A PNL não se limita a fornecer métodos para lidar com o vício; ela também promove um profundo entendimento de como nossos pensamentos e linguagem moldam nossas ações. Através da identificação de gatilhos, reestruturação cognitiva, ancoragem de estados positivos, visualização e técnicas como o Swish Pattern e o Meta Model, a PNL capacita as pessoas a transformar suas vidas de maneira holística e sustentável.

A integração dos princípios da PNL com ensinamentos bíblicos proporciona uma base sólida e inspiradora para a transformação pessoal. A Bíblia fala extensivamente sobre a renovação da mente e a transformação pessoal, conceitos que se alinham profundamente com os objetivos e proposta da PNL.

Capítulo 4: Psicologia Positiva e Recuperação

A luta contra o vício é uma batalha árdua que muitos enfrentam diariamente. Entre os diversos tipos de vícios, o vício em pornografia tem se destacado como um desafio crescente na sociedade moderna, exacerbado pela fácil acessibilidade e anonimato proporcionados pela internet. As consequências desse vício são profundas, afetando a saúde mental, emocional, relacional e espiritual das pessoas. Embora várias abordagens tradicionais, por exemplo como a terapia cognitivo-comportamental, tenham demonstrado eficácia, frequentemente falta uma dimensão que promova o bem-estar e a felicidade de forma holística e duradoura. É nesse contexto que a psicologia positiva surge como uma abordagem complementar e transformadora.

A psicologia positiva é uma área da psicologia que se concentra no estudo das forças e virtudes que permitem as pessoas prosperarem. Em vez de focar exclusivamente nas patologias e nos problemas, a psicologia positiva busca entender o que torna a vida digna de ser vivida, promovendo aspectos como felicidade, gratidão, otimismo, resiliência e engajamento. Popularizada por Martin Seligman na década de 1990, esta disciplina oferece ferramentas poderosas para fortalecer a mente e o espírito, auxiliando na recuperação de vícios.

Neste capítulo, exploraremos como os princípios e práticas da psicologia positiva podem ser aplicados na recuperação do vício em pornografia. Abordaremos a definição e os objetivos da psicologia positiva, sua história e desenvolvimento, e os princípios fundamentais que a sustentam. Discutiremos como características positivas, como otimismo, gratidão e resiliência, podem ser cultivadas e utilizadas para superar o vício.

Além disso, forneceremos exercícios práticos que podem ser incorporados na rotina diária dos leitores, ajudando-os a construir uma mentalidade mais positiva e resiliente.

Também integraremos os princípios da psicologia positiva com a espiritualidade, oferecendo uma reflexão sobre como ensinamentos espirituais podem fortalecer ainda mais a jornada de recuperação. Ao final deste capítulo, esperamos proporcionar aos leitores uma compreensão clara e prática de como a psicologia positiva pode ser uma ferramenta eficaz na superação desse vício, promovendo uma vida mais saudável, feliz e significativa.

Como dito a psicologia positiva é uma disciplina ou abordagem dentro da psicologia que se concentra no estudo das qualidades e virtudes humanas que permitem as pessoas prosperarem. Ela se baseia em uma série de princípios e objetivos fundamentais.

Os principais objetivos da psicologia positiva incluem:

Identificação e Promoção de Forças e Virtudes: A psicologia positiva foca em identificar e desenvolver características positivas, como a resiliência, a coragem, a compaixão e a criatividade. Essas qualidades não apenas ajudam as pessoas a enfrentar desafios, mas também contribuem para uma vida mais plena e significativa.

Melhoria do Bem-Estar Subjetivo: A psicologia positiva se preocupa em aumentar a prevalência de emoções positivas, como alegria, esperança e gratidão, enquanto busca reduzir a influência de emoções negativas, como tristeza, raiva e medo. Estudos mostram que pessoas que experimentam emoções positivas regularmente têm maior satisfação com a vida e melhor saúde mental e física.

Desenvolvimento de Relacionamentos Saudáveis: Fortalecer as conexões interpessoais é outro objetivo crucial da psicologia positiva. Relacionamentos saudáveis e significativos são fundamentais para o bem-estar emocional e social. A psicologia positiva incentiva práticas que promovam a empatia, o apoio mútuo e a comunicação eficaz.

Construção de Vida com Propósito e Significado: Ajudar as pessoas a encontrar e perseguir objetivos que são importantes para elas é essencial para criar uma vida com propósito e direção. Ter um senso de propósito pode aumentar a resiliência e a satisfação de vida, proporcionando uma base sólida para enfrentar os desafios do vício.

A psicologia positiva não apenas busca melhorar o bem-estar individual, mas também promover uma cultura de positividade e resiliência. Ao focar nas forças humanas e no desenvolvimento de virtudes, a psicologia positiva oferece uma abordagem holística e fortalecedora para a recuperação e o crescimento pessoal.

Embora a psicologia positiva tenha ganhado destaque na década de 1990, suas raízes podem ser encontradas em filosofias e movimentos psicológicos mais antigos. A ideia de focar no bem-estar e no desenvolvimento humano não é nova, e muitos dos princípios da psicologia positiva têm suas origens em ensinamentos antigos e outras abordagens psicológicas e filosóficas.

A filosofia antiga, especialmente a filosofia grega, abordou conceitos que são centrais à psicologia positiva. Aristóteles, por exemplo, discutiu a ideia de eudaimonia, que pode ser traduzida como "vida bem vivida" ou "felicidade duradoura". Ele argumentava que a verdadeira felicidade vem do cultivo de virtudes e do engajamento em atividades que são significativas e que contribuem para o bem comum. Essa visão de uma vida plena e significativa ressoa fortemente com os objetivos da psicologia positiva.

Foi Martin Seligman, durante seu mandato como presidente da APA (Associação Americana de Psicologia) em 1998, que formalizou a psicologia positiva como uma disciplina científica. Ele propôs que a psicologia deveria não apenas se concentrar na reparação do que está errado, mas também na construção do que é certo. Seligman introduziu o conceito de felicidade autêntica, que vai além do prazer e inclui engajamento e significado. Ele desenvolveu o modelo PERMA, que identifica cinco elementos essenciais para o bem-estar: Emoções Positivas, Engajamento, Relacionamentos, Significado e Realizações.

Desde então, a psicologia positiva cresceu significativamente, com pesquisas abrangentes e aplicadas em diversas áreas, incluindo educação, saúde, trabalho e desenvolvimento pessoal. Instituições acadêmicas ao redor do mundo têm incorporado cursos e programas de psicologia positiva, e muitos terapeutas e coaches utilizam suas técnicas para ajudar seus clientes a viverem vidas mais satisfatórias e significativas.

Hoje, a psicologia positiva é aplicada de várias maneiras para ajudar pessoas a desenvolver resiliência, superar adversidades e cultivar uma mentalidade positiva. Especialmente no contexto da recuperação de vícios, a psicologia positiva oferece ferramentas e estratégias que complementam as abordagens tradicionais, focando não apenas na eliminação do comportamento viciante, mas também na promoção de uma vida rica e significativa.

Os princípios fundamentais da psicologia positiva são os pilares que sustentam essa abordagem inovadora e transformadora. Eles fornecem a base para entender como podemos cultivar uma vida mais satisfatória e significativa, e são aplicáveis em diversas áreas da vida, incluindo a recuperação de vícios. Vamos explorar esses princípios em detalhes:

Emoções Positivas: As emoções positivas são uma parte essencial da psicologia positiva. Elas não apenas nos fazem sentir bem no momento, mas também têm efeitos duradouros que podem melhorar nossa saúde mental e física. Emoções como alegria, gratidão, esperança e amor ampliam nosso horizonte e nos permitem construir recursos pessoais que podemos usar para enfrentar adversidades. Estudos mostram que emoções positivas podem aumentar nossa resiliência, melhorar nossa saúde física e fortalecer nossos relacionamentos. Elas ajudam a contrabalançar as emoções negativas, promovendo um equilíbrio emocional mais saudável. Práticas como manter um diário de gratidão, meditação e atos de bondade são maneiras eficazes de aumentar a presença de emoções positivas em nossas vidas.

Engajamento: Engajamento refere-se ao estado de flow, onde estamos totalmente imersos em uma atividade que nos desafia e absorve nossa atenção. Esse estado de concentração profunda e prazerosa é frequentemente associado a atividades que nos interessam e que são significativas para nós. O flow é caracterizado por uma perda de autoconsciência e uma sensação de controle sobre a atividade que estamos realizando. Esse estado pode levar a um alto nível de satisfação e realização pessoal. Identificar atividades que nos apaixonam e que nos desafiam é crucial para experimentar o flow. Isso pode incluir hobbies, trabalho, esportes ou qualquer atividade que nos envolva profundamente.

Relacionamentos Positivos: Relacionamentos saudáveis e significativos são fundamentais para o bem-estar emocional e social. A qualidade das nossas interações com os outros pode ter um impacto profundo em nossa felicidade e satisfação com a vida. Ter conexões interpessoais fortes pode proporcionar suporte emocional, aumentar a sensação de pertencimento e promover um senso de propósito. Investir tempo e esforço em nossas relações, praticar a empatia, a escuta ativa e oferecer suporte aos outros são maneiras de fortalecer nossos laços sociais.

Significado: Significado refere-se ao sentimento de propósito e importância na vida. Ter um senso de propósito pode aumentar a resiliência e a satisfação de vida, proporcionando uma base sólida para enfrentar os desafios do dia a dia. O significado pode ser encontrado em diversas áreas da vida, como trabalho, relacionamentos, espiritualidade e contribuições para a comunidade. Identificar e perseguir metas que são importantes para nós é essencial para construir uma vida significativa. Para aqueles em recuperação, encontrar significado pode ser uma motivação poderosa para permanecer no caminho da sobriedade e construir uma vida mais plena.

Realizações: Realizações são os objetivos que alcançamos e as metas que cumprimos ao longo da vida. Sentir-se competente e eficaz em nossas ações é uma parte importante do bem-estar. Atingir metas nos dá um senso de progresso e competência, que pode aumentar nossa autoestima e satisfação com a vida. Definir metas claras, realistas e alcançáveis, e trabalhar persistentemente para atingi-las, pode proporcionar um forte senso de realização.

Esses princípios fundamentais da psicologia positiva fornecem uma estrutura para entender e melhorar nosso bem-estar. Eles são especialmente relevantes no contexto da recuperação de vícios, oferecendo um caminho para não apenas superar os desafios, mas também para florescer e viver uma vida mais rica e significativa.

A psicologia positiva se distingue de outras abordagens psicológicas em vários aspectos importantes. Enquanto a psicoterapia tradicional e outras formas de intervenção psicológica frequentemente se concentram na patologia, na disfunção e na resolução de problemas, a psicologia positiva adota uma abordagem mais abrangente e proativa. Vamos explorar como a psicologia positiva se compara a outras abordagens psicológicas, destacando suas diferenças e complementaridades.

A psicoterapia tradicional, como a (TCC) terapia cognitivo-comportamental, a psicanálise e outras formas de intervenção, frequentemente se concentram em tratar doenças mentais e resolver problemas específicos. O objetivo principal é aliviar o sofrimento e corrigir disfunções. Essas abordagens são altamente eficazes na identificação e tratamento de distúrbios mentais, como depressão, ansiedade e transtornos de personalidade. Elas ajudam as pessoas a desenvolver estratégias para lidar com seus sintomas e melhorar sua saúde mental.

A psicologia positiva não substitui a psicoterapia tradicional, mas a complementa. Enquanto a psicoterapia tradicional trata dos aspectos negativos e das disfunções, a psicologia positiva foca em promover o bem-estar e desenvolver qualidades positivas. Juntas, essas abordagens podem proporcionar uma estratégia de tratamento mais holística e equilibrada.

A psicologia humanista, liderada por figuras como Carl Rogers e Abraham Maslow, coloca ênfase no crescimento pessoal, na autorrealização e no potencial humano. Essa abordagem é centrada na ideia de que as pessoas têm uma tendência inata para crescer e se desenvolver em direção ao seu potencial máximo. A psicologia humanista valoriza a experiência presente e a autocompreensão. Terapias como a (TCP) terapia centrada na pessoa de Rogers promovem um ambiente de aceitação incondicional e empatia, facilitando o crescimento pessoal.

A psicologia positiva compartilha muitos princípios com a psicologia humanista, incluindo o foco no crescimento pessoal e na autorrealização. No entanto, a psicologia positiva se diferencia por sua ênfase em métodos empíricos e baseados em evidências para estudar e promover o bem-estar.

A psicologia comportamental se concentra na modificação de comportamentos disfuncionais através de técnicas como reforço positivo, condicionamento operante e dessensibilização sistemática. O foco está em mudar comportamentos observáveis através de intervenções específicas. A psicologia comportamental é altamente estruturada e baseada em princípios científicos de aprendizagem. Ela é eficaz na mudança de comportamentos específicos e na construção de novos hábitos.

A psicologia positiva pode incorporar técnicas comportamentais para promover mudanças positivas. Por exemplo, a prática de reforçar comportamentos saudáveis e gratificantes pode ser usada para cultivar hábitos que aumentem o bem-estar e a satisfação de vida.

A psicologia cognitiva estuda os processos mentais, como percepção, memória, pensamento e resolução de problemas. Ela se concentra em como as pessoas entendem e interagem com o mundo ao seu redor. Abordagens cognitivas, como a terapia cognitiva de Aaron Beck, trabalham para identificar e modificar crenças disfuncionais que contribuem para problemas emocionais e comportamentais.

A psicologia positiva utiliza princípios cognitivos para promover atitudes e crenças positivas. Intervenções baseadas na psicologia positiva, como a reestruturação cognitiva para cultivar o otimismo, podem ser combinadas com terapias cognitivas tradicionais para criar abordagens mais completas.

A psicologia positiva não é um substituto para outras abordagens psicológicas, mas sim um complemento valioso. Ela oferece uma perspectiva diferente ao focar no que torna a vida digna de ser vivida e em como podemos desenvolver nossas qualidades positivas para alcançar o bem-estar e a realização. Ao integrar os princípios da psicologia positiva com abordagens tradicionais, podemos criar estratégias mais holísticas e eficazes para melhorar a saúde mental e emocional, especialmente no contexto da recuperação de vícios.

Psicologia Positiva e o Vício

A psicologia positiva oferece ferramentas valiosas para superar o vício em pornografia, focando no desenvolvimento de emoções e comportamentos saudáveis. Por exemplo, ao cultivar otimismo, gratidão, autocompaixão, etc, é possível fortalecer a resiliência emocional e reduzir a vulnerabilidade a gatilhos. A psicologia positiva também incentiva a descoberta de atividades prazerosas alternativas e o estabelecimento de metas significativas, preenchendo o vazio deixado pela pornografia com experiências mais enriquecedoras. Ao promover o bem-estar mental e a construção de uma vida mais plena, a psicologia positiva capacita a pessoa a trilhar um caminho de recuperação duradoura e transformadora.

Otimismo: O otimismo é uma característica fundamental que pode ter um impacto significativo na recuperação de vícios, incluindo o vício em pornografia. Ser otimista não significa ignorar os desafios e dificuldades, mas sim acreditar que é possível superá-los e que o futuro reserva possibilidades positivas. A pesquisa em psicologia positiva demonstra que pessoas otimistas são mais resilientes e têm uma maior probabilidade de se recuperar de adversidades.

Otimismo é a tendência de esperar que coisas boas aconteçam e de acreditar que podemos influenciar os resultados de nossas ações de forma positiva. Pessoas otimistas tendem a atribuir eventos negativos a causas temporárias e específicas, enquanto atribuem eventos positivos a causas permanentes e universais.

Pessoas otimistas são mais capazes de lidar com o estresse e de se recuperar rapidamente de contratempos. Elas veem os desafios como oportunidades de crescimento e aprendizagem. O otimismo aumenta a motivação e a persistência, o que é crucial na recuperação de vícios. Pessoas otimistas são mais propensas a continuar seus esforços mesmo diante de dificuldades.

Estudos mostram que o otimismo está associado a uma melhor saúde mental, incluindo níveis mais baixos de depressão e ansiedade. A recuperação do vício em pornografia muitas vezes envolve enfrentar sentimento de culpa e vergonha, e o otimismo pode ajudar a superar esses sentimentos negativos.

O otimismo não é uma cura mágica para o vício, mas é uma ferramenta poderosa que pode ajudar a sustentar a recuperação. Ao adotar uma perspectiva otimista, as pessoas podem encontrar a força e a motivação necessárias para continuar em seu caminho de recuperação, enfrentar desafios e construir uma vida mais saudável e feliz.

Gratidão: A gratidão é uma das práticas mais estudadas e eficazes dentro da psicologia positiva. Ser grato implica reconhecer e apreciar os aspectos positivos da vida, mesmo em meio às dificuldades. Para aqueles que estão lutando contra o vício em pornografia, cultivar a gratidão pode ser uma ferramenta poderosa para promover o bem-estar emocional e facilitar a recuperação.

Gratidão é a qualidade de ser grato, envolvendo um reconhecimento profundo e um apreço pelas coisas boas da vida. Isso pode incluir pessoas, momentos, oportunidades e até mesmo lições aprendidas em tempos difíceis.

A prática regular da gratidão está associada a uma maior satisfação com a vida, felicidade e emoções positivas. Isso pode contrabalançar os sentimentos de desesperança e desespero que muitas vezes acompanham o vício.

A gratidão pode ajudar a reduzir sentimentos de inveja, ressentimento, frustração e arrependimento. Ao focar nas coisas pelas quais somos gratos, diminuímos a intensidade das emoções negativas.

A gratidão fortalece os relacionamentos ao promover a apreciação e o reconhecimento dos outros. Para alguém em recuperação, isso pode significar receber e dar apoio de forma mais eficaz. Reconhecer as coisas boas, mesmo em tempos difíceis, pode aumentar a resiliência e ajudar a pessoa a se recuperar mais rapidamente dos contratempos.

Manter um diário de gratidão é uma prática simples e eficaz. Todos os dias, escreva três a cinco coisas pelas quais você é grato. Isso pode incluir pequenas alegrias, como uma conversa agradável, ou grandes bênçãos, como o apoio de um amigo próximo. Expresse sua gratidão diretamente às pessoas que fazem a diferença em sua vida. Isso pode ser feito através de cartas, mensagens ou pessoalmente. A expressão de gratidão não apenas reforça seus sentimentos positivos, mas também fortalece os laços interpessoais.

Reserve um tempo diariamente para meditar sobre as coisas pelas quais você é grato. Durante a meditação, visualize essas coisas e permita-se sentir profundamente grato por elas. Mesmo em momentos de dificuldade, encontre algo pelo qual ser grato. Esta prática pode ser especialmente útil na recuperação, ajudando a pessoa a manter uma perspectiva positiva e esperançosa.

A gratidão não apenas ajuda a cultivar uma mentalidade mais positiva, mas também oferece uma base sólida para enfrentar os desafios da recuperação. Ao focar nas coisas boas da vida, mesmo em momentos difíceis, as pessoas podem encontrar força e motivação para continuar no caminho da recuperação, reduzindo o impacto do vício em suas vidas e promovendo um bem-estar geral.

Resiliência: A resiliência é a capacidade de se recuperar rapidamente de dificuldades e adversidades. Para aqueles que estão lutando contra o vício em pornografia, desenvolver resiliência é crucial para enfrentar os desafios da recuperação e para manter a abstinência a longo prazo. A psicologia positiva oferece várias estratégias para fortalecer a resiliência, ajudando as pessoas a lidar melhor com o estresse e as tentações.

Resiliência é a capacidade de se adaptar e se recuperar de situações difíceis. Envolve a habilidade de enfrentar desafios, aprender com eles e seguir em frente com mais força e sabedoria. A resiliência ajuda as pessoas a lidar com os desafios do vício, incluindo recaídas e momentos de tentação. Pessoas resilientes são mais capazes de manter a calma e a concentração em meio a crises.

Práticas que fortalecem a resiliência também ajudam a reduzir o estresse e a ansiedade. Menos estresse significa menos probabilidade de recorrer ao vício como mecanismo de enfrentamento. À medida que as pessoas superam desafios e se recuperam de dificuldades, sua autoestima e confiança aumentam. Isso cria um ciclo positivo de motivação e autossuficiência.

A resiliência não apenas ajuda a superar dificuldades, mas também promove o crescimento pessoal. Cada desafio superado é uma oportunidade para aprender e se tornar mais forte. Definir e trabalhar para alcançar metas realistas pode fortalecer a resiliência. O processo de definir metas e trabalhar para atingi-las ajuda a construir disciplina, motivação e um senso de realização.

Desenvolver resiliência é um processo contínuo que exige prática e dedicação. No entanto, os benefícios são imensos, permitindo que as pessoas não apenas superem o vício, mas também prosperem em todas as áreas de suas vidas. A resiliência fornece uma base sólida para enfrentar desafios futuros e para viver uma vida mais equilibrada e significativa.

Além do otimismo, gratidão e resiliência, outras características positivas desempenham papéis cruciais na recuperação do vício em pornografia. Essas características incluem coragem, perseverança, empatia e autocompaixão. Desenvolver essas qualidades pode ajudar significativamente na superação do vício e na promoção de uma vida mais saudável e equilibrada.

Coragem: Coragem é a capacidade de enfrentar o medo, a dor, o perigo, a incerteza ou a intimidação. No contexto da recuperação do vício, a coragem envolve a disposição de enfrentar os desafios do vício e tomar medidas para mudar. Enfrentar o vício em pornografia requer coragem para reconhecer o problema, buscar ajuda e enfrentar as dificuldades que surgem ao longo do caminho.

A coragem permite que as pessoas tomem decisões difíceis e persistam na busca de uma vida livre do vício. A coragem pode ser cultivada através de pequenas ações diárias que desafiam o conforto pessoal. Isso pode incluir a busca de apoio, a admissão de fraquezas e a disposição de tentar novas abordagens para a recuperação.

Perseverança: Perseverança é a capacidade de continuar em uma tarefa ou objetivo, apesar dos obstáculos e dificuldades. É a persistência e a determinação para seguir em frente, mesmo quando as coisas ficam difíceis. A recuperação do vício em pornografia é um processo longo e muitas vezes difícil. A perseverança é crucial para manter o compromisso com a recuperação, enfrentar recaídas e continuar avançando em direção a uma vida livre do vício.

Estabelecer metas claras e realistas, celebrar pequenos sucessos e manter uma visão de longo prazo pode ajudar a cultivar a perseverança. Técnicas como a visualização de objetivos alcançados e o estabelecimento de um sistema de apoio também são úteis.

Empatia: Empatia é a capacidade de compreender e compartilhar os sentimentos dos outros. Envolve a habilidade de se colocar no lugar do outro e responder com compaixão e compreensão. A empatia é importante na construção de relacionamentos saudáveis e de suporte.

Ter empatia pelos outros pode ajudar a fortalecer os laços sociais e proporcionar uma rede de apoio emocional durante a recuperação. Praticar a escuta ativa, colocar-se no lugar dos outros e responder com gentileza são maneiras de desenvolver a empatia. Participar de grupos de apoio e compartilhar experiências também pode aumentar a empatia.

Autocompaixão: Autocompaixão envolve tratar a si mesmo com a mesma gentileza, cuidado e compreensão que se teria com um amigo próximo. É reconhecer os próprios erros e fracassos com bondade, em vez de julgamento. A recuperação do vício muitas vezes envolve lidar com sentimento de culpa e vergonha. A autocompaixão permite que as pessoas tratem a si mesmas com gentileza e perdão, ajudando a superar esses sentimentos negativos e a focar no progresso.

Práticas como a meditação de autocompaixão, escrever cartas de autocompaixão e relembrar momentos em que se foi gentil consigo mesmo podem ajudar a desenvolver essa qualidade. Reconhecer a humanidade comum e aceitar que todos cometem erros também é importante.

Existem outras ferramentas que também ajudam no processo. Por exemplo a prática regular de **mindfulness** e meditação pode ajudar a aumentar a resiliência ao promover a autoconsciência e a regulação emocional. Mindfulness envolve estar presente no momento e aceitar os pensamentos e sentimentos sem julgamento.

A **reestruturação cognitiva** é uma técnica que envolve identificar e desafiar pensamentos negativos e substituí-los por pensamentos mais positivos e realistas. Por exemplo, em vez de pensar "Eu nunca vou conseguir superar esse vício", uma pessoa pode reestruturar esse pensamento para "Superar o vício é difícil, mas eu estou fazendo progressos e posso continuar a melhorar".

Já a **visualização positiva** envolve imaginar-se em cenários futuros de sucesso. Por exemplo, uma pessoa em recuperação pode visualizar-se resistindo aos impulsos de assistir pornografia e se sentindo orgulhosa e feliz por ter superado o desejo.

Em se tratando de **ambiência**, cercar-se de pessoas otimistas e de apoio pode reforçar uma mentalidade positiva. A interação com pessoas que compartilham uma visão otimista pode inspirar e motivar.

Práticas de **autocuidado**, como atividades físicas, alimentação saudável e sono adequado, são essenciais para manter a resiliência física e mental. Um corpo e uma mente saudáveis são mais capazes de lidar com o estresse e as adversidades.

Desenvolver essas características positivas não só auxilia na recuperação do vício, mas também enriquece a vida em geral. Elas promovem um senso de bem-estar e conexão, fornecendo a base para uma vida mais equilibrada e gratificante.

Exercícios Práticos de Psicologia Positiva

A aplicação de exercícios de psicologia positiva pode ser extremamente benéfica para aqueles que buscam superar o vício em pornografia. Estas práticas ajudam a cultivar uma mentalidade mais positiva e resiliente, promovendo o bem-estar e fortalecendo a recuperação. Abaixo estão descritos alguns exercícios práticos que podem ser incorporados na rotina diária dos leitores.

Diário de Gratidão:

Descrição: Manter um diário de gratidão envolve anotar regularmente coisas pelas quais você é grato. Esta prática simples pode ajudar a mudar o foco dos aspectos negativos para os positivos da vida, promovendo uma mentalidade mais otimista e agradecida.

Como Fazer: Todos os dias, reserve um tempo específico, como antes de dormir, para escrever de três a cinco coisas pelas quais você é grato. Seja específico e detalhado em suas anotações. Por exemplo, em vez de escrever "Sou grato pela minha família", escreva "Sou grato pelo jantar agradável que tive com minha família hoje à noite". Reflita sobre os sentimentos associados a essas coisas pelas quais você é grato. Isso ajuda a aprofundar a experiência de gratidão.

Benefícios: Aumenta a felicidade e o bem-estar. Reduz sintomas de depressão e ansiedade. Fortalece a resiliência emocional.

Visualização Positiva:

Descrição: A visualização positiva envolve imaginar-se em cenários futuros de sucesso e bem-estar. Esta técnica ajuda a preparar a mente para enfrentar desafios e a alcançar metas desejadas.

Como Fazer: Encontre um lugar tranquilo onde você possa relaxar sem interrupções. Feche os olhos e visualize um futuro onde você superou o vício em pornografia. Imagine como sua vida seria, como você se sentiria e como seria sua rotina diária. Seja o mais detalhado possível em suas visualizações. Imagine os sons, cheiros e sensações físicas associadas a essa vida futura. Pratique essa visualização por pelo menos 5 a 10 minutos todos os dias.

Benefícios: Aumenta a motivação e a confiança. Ajuda a reduzir a ansiedade e o estresse. Promove a criação de uma mentalidade orientada para o sucesso.

Meditação e Mindfulness:

Descrição: A meditação e as práticas de mindfulness ajudam a aumentar a autoconsciência e a reduzir o estresse. Elas envolvem focar a atenção no momento presente, aceitando os pensamentos e sentimentos sem julgamento.

Como Fazer: Encontre um lugar tranquilo e sente-se confortavelmente. Feche os olhos e concentre-se na sua respiração. Observe a sensação do ar entrando e saindo do seu corpo. Quando sua mente começar a divagar, gentilmente traga o foco de volta para sua respiração. Comece com sessões curtas de 5 a 10 minutos e aumente gradualmente a duração à medida que se sentir mais confortável com a prática.

Benefícios: Reduz o estresse e a ansiedade. Aumenta a resiliência emocional. Melhora a capacidade de lidar com desejos e impulsos.

Atos de Bondade:

Descrição: Realizar atos de bondade, tanto grandes quanto pequenos, pode aumentar o bem-estar e promover uma sensação de conexão com os outros. Ajudar os outros pode também fortalecer o senso de propósito e significado na vida.

Como Fazer: Planeje realizar pelo menos um ato de bondade todos os dias. Isso pode ser tão simples quanto segurar a porta para alguém ou tão elaborado quanto voluntariar-se em uma organização de caridade. Esteja atento às oportunidades de ajudar os outros ao longo do seu dia. Reflita sobre como esses atos de bondade fazem você se sentir e como eles impactam os outros.

Benefícios: Aumenta os sentimentos de felicidade e satisfação. Fortalece os relacionamentos sociais. Promove um senso de propósito e significado.

Esses exercícios de psicologia positiva são ferramentas poderosas que podem ajudar as pessoas a cultivar uma mentalidade mais positiva e resiliente, promovendo o bem-estar e fortalecendo a recuperação do vício em pornografia. Incorporar essas práticas na rotina diária pode proporcionar um suporte contínuo na jornada de recuperação.

Considerações

Este capítulo explorou a psicologia positiva e suas aplicações na recuperação do vício, fornecendo uma visão abrangente de como práticas e exercícios simples podem transformar a vida de pessoas em busca de mudança. Com um foco em otimismo, gratidão, resiliência e outras características positivas, a psicologia positiva oferece um caminho promissor para superar o vício e alcançar uma vida plena e significativa. Ao integrar essas práticas em sua vida diária, os leitores podem não apenas superar seus vícios, mas também florescer em todos os aspectos de sua existência.

Combinar práticas espirituais com técnicas de psicologia positiva pode fortalecer a jornada de recuperação, promovendo uma transformação holística que abrange mente, corpo e espírito. A integração da psicologia positiva com ensinamentos espirituais oferece uma abordagem poderosa e completa para a recuperação do vício. Combinando a sabedoria bíblica com práticas psicológicas baseadas em evidências, as pessoas podem encontrar uma base sólida para a transformação pessoal e a cura duradoura.

Capítulo 5: A Importância do Ciclo Circadiano

Imagine que dentro de você existe um maestro invisível, um relógio interno que orquestra os ritmos do seu corpo e mente, regulando o sono, a alimentação, a energia e até mesmo o humor. Esse maestro é conhecido como o ciclo circadiano. Ele desempenha um papel fundamental na orquestração dos processos biológicos que mantêm nosso corpo e mente funcionando harmoniosamente. No entanto, quando esse ritmo é perturbado, as consequências podem ser profundas, especialmente para aqueles que lutam contra vícios, como o vício em pornografia.

A recuperação desse vício não é apenas uma batalha contra comportamentos compulsivos, mas também uma jornada de restauração da saúde e do equilíbrio em todas as áreas da vida. Muitas vezes, as abordagens tradicionais focam em terapias comportamentais e suporte psicológico, mas há um aspecto biológico crucial que frequentemente é negligenciado: o ciclo circadiano. A desregulação desse ciclo pode exacerbar o estresse, a ansiedade e a impulsividade, todos fatores que alimentam o vício. Por outro lado, regularizar e harmonizar o ciclo circadiano pode fortalecer a resiliência, melhorar o humor e proporcionar uma base sólida para a recuperação.

Neste capítulo, embarcaremos em uma exploração detalhada do ciclo circadiano e sua importância na recuperação do vício em pornografia. Vamos desvendar o que é o ciclo circadiano, compreendendo como ele atua como um relógio biológico que afeta praticamente todos os aspectos da nossa saúde. Exploraremos como ele influencia nossa saúde mental, física e emocional, e como sua desregulação pode contribuir para comportamentos viciantes.

Entender o ciclo circadiano é crucial, pois ele regula os momentos em que nos sentimos mais alertas ou mais sonolentos, influencia a produção de hormônios essenciais e coordena funções corporais vitais. Quando este relógio interno está fora de sincronização, pode resultar em distúrbios do sono, fadiga crônica, e até mesmo vulnerabilidade aumentada ao vício.

Para aqueles que lutam contra o vício em pornografia, a desregulação do ciclo circadiano pode intensificar o desejo de recorrer à pornografia como uma forma de lidar com a insônia, o tédio ou o estresse. A falta de sono adequado pode enfraquecer a capacidade de tomar decisões conscientes e resistir aos impulsos, criando um ciclo vicioso difícil de quebrar. Por isso, regular o ciclo circadiano não é apenas benéfico, mas essencial para uma recuperação duradoura.

Neste capítulo, além de compreender os fundamentos do ciclo circadiano, vamos oferecer técnicas práticas para regular esse ciclo. Desde a manutenção de uma rotina de sono consistente até a exposição adequada à luz natural, passando pela importância da alimentação e do exercício físico. Cada uma dessas estratégias será discutida com o objetivo de fornecer ferramentas práticas para ajudar na recuperação.

Prepare-se para descobrir como o ciclo circadiano pode ser um aliado poderoso na jornada de recuperação de que está lutando contra esse vício. Vamos juntos explorar esse aspecto essencial da biologia humana e aprender a usá-lo a nosso favor, criando um caminho mais claro e equilibrado rumo à saúde e à liberdade do vício em pornografia.

O que é o Ciclo Circadiano

Continue imaginando aquele maestro invisível dentro de você, aquele relógio biológico que dita o ritmo dos seus dias e noites. O ciclo circadiano regula uma série de processos fisiológicos e comportamentais que se repetem aproximadamente a cada 24 horas, ajustando-se constantemente para sincronizar nosso corpo com o ambiente externo. Este ciclo é controlado pelo "relógio mestre" do corpo, localizado no (NSQ) núcleo supraquiasmático do hipotálamo, uma pequena região do cérebro situada logo acima do quiasma óptico.

O NSQ recebe informações diretas sobre a luminosidade do ambiente através dos olhos. Quando a luz entra em contato com a retina, sinais são enviados para o NSQ, permitindo que ele ajuste os ritmos internos do corpo para sincronizá-los com o ciclo de luz e escuridão do ambiente externo. Essa sincronia é essencial para manter a harmonia dos processos biológicos e garantir que nossas funções corporais estejam alinhadas com as necessidades do dia e da noite.

Os ritmos circadianos influenciam diversas funções, incluindo padrões de sono-vigília, temperatura corporal, secreção hormonal, metabolismo e comportamento alimentar. A manutenção de um ciclo circadiano regular é vital para a saúde e o bem-estar. Quando esses ritmos são desregulados, podemos enfrentar uma série de problemas de saúde, desde distúrbios do sono até doenças metabólicas e transtornos de humor.

O ciclo circadiano é o maestro que regula nosso sono, determinando quando nos sentimos alertas e quando precisamos descansar. A melatonina, um hormônio produzido pela glândula pineal, desempenha um papel fundamental nesse processo. A produção de melatonina é estimulada pela escuridão e inibida pela luz. À medida que a noite se aproxima, os níveis de melatonina aumentam, preparando nosso corpo para o sono. Durante a madrugada, esses níveis atingem o pico, diminuindo gradualmente ao amanhecer, quando a luz do dia suprime a produção de melatonina e nos ajuda a acordar.

A exposição à luz natural durante o dia é crucial para manter o ciclo circadiano em sincronia. A luz do dia suprime a produção de melatonina, mantendo-nos alertas e ativos. Por outro lado, a escuridão à noite promove a produção de melatonina, induzindo o sono. No entanto, a exposição à luz artificial, especialmente à luz azul emitida por dispositivos eletrônicos como smartphones e computadores, pode interferir nesse processo. Essa exposição suprime a melatonina, dificultando o início do sono e afetando a qualidade do descanso.

Manter padrões de sono regulares não se trata apenas de dormir o suficiente, mas de garantir que o sono seja de qualidade. Dormir e acordar em horários consistentes todos os dias, inclusive nos fins de semana, ajuda a reforçar o ciclo circadiano e promove um sono mais reparador. Além disso, criar um ambiente propício ao sono, com uma temperatura adequada, ausência de luz e ruído, e uma rotina relaxante antes de dormir, pode melhorar significativamente a qualidade do sono.

Ciclo Circadiano e Saúde

O ciclo circadiano desempenha um papel crucial na manutenção da saúde mental. A sincronização adequada desse relógio interno com o ambiente externo promove um humor estável, níveis adequados de energia e uma melhor capacidade de lidar com o estresse. Quando o ciclo circadiano está desregulado, as consequências podem ser sérias, contribuindo para o desenvolvimento e a exacerbação de vários transtornos mentais, incluindo depressão, ansiedade e transtorno bipolar dentre outros.

Depressão: A desregulação do ciclo circadiano é frequentemente observada em pessoas com depressão. Estudos mostram que distúrbios do sono, como insônia e hipersonia, são comuns em pessoas deprimidas e podem agravar os sintomas da depressão. Além disso, a falta de exposição à luz natural pode diminuir a produção de serotonina, um neurotransmissor associado ao bem-estar, exacerbando sentimentos de tristeza e desesperança. A terapia de luz, que envolve a exposição a luzes brilhantes pela manhã, tem sido usada com sucesso para tratar a depressão sazonal, demonstrando a importância da luz natural na regulação do humor.

Ansiedade: Padrões de sono irregulares e a privação de sono podem aumentar a ansiedade. A falta de sono adequado pode levar a um aumento na produção de hormônios do estresse, como o cortisol, e reduzir a capacidade do cérebro de regular emoções, resultando em níveis mais altos de ansiedade e pânico. A prática de técnicas de relaxamento, como a meditação e a respiração profunda, pode ajudar a reduzir a ansiedade e melhorar a qualidade do sono.

Transtorno Bipolar: O transtorno bipolar é caracterizado por mudanças extremas de humor, e a desregulação circadiana pode desencadear episódios maníacos e depressivos. A manutenção de um ciclo circadiano regular é uma parte crucial do tratamento para estabilizar o humor e prevenir recaídas. A estabilização do sono, através de uma rotina de sono consistente e a minimização da exposição à luz artificial à noite, pode ajudar a controlar as oscilações de humor.

O ciclo circadiano influencia diretamente nossos níveis de energia e desempenho cognitivo ao longo do dia. Quando nosso relógio interno está bem ajustado, experimentamos picos de alerta e desempenho mental durante o dia, seguidos por períodos de descanso e recuperação à noite.

A maioria das pessoas sente um aumento natural de energia e alerta durante a manhã e uma segunda onda no final da tarde. Esses picos são ideais para atividades que exigem alta concentração e habilidades cognitivas intensivas, como estudo e trabalho criativo. Aproveitar esses momentos de alta performance pode aumentar a produtividade e a eficácia nas tarefas diárias.

Estudos mostram que a privação de sono e a desregulação circadiana podem prejudicar significativamente a função cognitiva, incluindo a memória, a capacidade de resolução de problemas e o tempo de reação. Isso pode afetar negativamente a produtividade e a capacidade de tomar decisões racionais. Um sono adequado e regular é essencial para consolidar memórias e aprender novas informações, promovendo um desempenho cognitivo ótimo.

Manter um ciclo circadiano regular é vital para evitar erros e acidentes, especialmente em profissões que exigem alta precisão e vigilância constante, como médicos, motoristas e operadores de máquinas. A fadiga causada por um ciclo circadiano desregulado pode comprometer gravemente a segurança e o desempenho. Implementar pausas regulares e garantir um ambiente de trabalho que respeite os ritmos circadianos pode reduzir significativamente o risco de acidentes.

A conexão entre ritmos circadianos e saúde física é fundamental para o bem-estar geral. O ciclo circadiano não regula apenas o sono, mas uma série de outros processos biológicos essenciais que influenciam nossa saúde e bem-estar:

Sistema Imunológico: A atividade das células imunológicas segue um ritmo circadiano, influenciando a resposta do corpo a infecções e inflamações. A desregulação do ciclo circadiano pode enfraquecer o sistema imunológico, tornando o corpo mais suscetível a doenças e prolongando o tempo de recuperação. O sistema imunológico também é influenciado pelo ciclo circadiano. A atividade de certas células imunológicas varia ao longo do dia, afetando a resposta do corpo. A desregulação circadiana pode comprometer a função imunológica, aumentando a susceptibilidade a doenças e dificultando a recuperação. Manter uma rotina de sono regular e reduzir o estresse pode fortalecer a resposta imunológica e melhorar a resistência a uma série de infecções.

Metabolismo e Sistema Digestivo: O ciclo circadiano regula a produção de hormônios como a insulina e a leptina, que controlam o metabolismo da glicose e o apetite. Ele influencia o funcionamento do sistema digestivo e do metabolismo. Por exemplo, a produção de enzimas digestivas e a motilidade gastrointestinal seguem um ritmo circadiano, com picos de atividade durante o dia e redução à noite. Comer em horários irregulares ou durante a noite pode desregular esses ritmos e contribuir para problemas digestivos e metabólicos, como obesidade e diabetes tipo 2. Uma alimentação equilibrada e em horários regulares ajuda a manter esses processos em harmonia.

Saúde Cardiovascular: A pressão arterial e a frequência cardíaca variam ao longo do dia em um padrão circadiano. A desregulação desses ritmos pode aumentar o risco de hipertensão, doenças cardíacas e acidentes vasculares cerebrais. Um ciclo circadiano regular ajuda a manter a saúde cardiovascular ao equilibrar esses fatores. Práticas como exercícios físicos regulares, controle do estresse e uma alimentação saudável são essenciais para manter o coração saudável.

Regulação da Temperatura Corporal: A temperatura do corpo varia ao longo do dia em um padrão circadiano. Geralmente, a temperatura corporal atinge seu ponto mais alto no final da tarde e seu ponto mais baixo durante a madrugada. Essa variação é controlada pelo NSQ e está intimamente relacionada aos ciclos de sono-vigília. Uma queda na temperatura corporal precede o início do sono, enquanto um aumento gradual na temperatura corporal ocorre antes do despertar. Essa regulação térmica é crucial para manter o equilíbrio energético e a homeostase corporal, influenciando nosso conforto e desempenho físico ao longo do dia. A adoção de hábitos como tomar banho quente antes de dormir pode ajudar a reduzir a temperatura corporal e promover um sono mais profundo e reparador.

Secreção Hormonal: Muitos hormônios importantes são secretados em padrões circadianos. O cortisol, conhecido como o "hormônio do estresse", é liberado em maiores quantidades pela manhã para ajudar a despertar e preparar o corpo para as atividades do dia. Os níveis de cortisol diminuem ao longo do dia, atingindo o ponto mais baixo durante a noite. Outros hormônios, como a insulina, também apresentam ritmos circadianos que regulam o metabolismo da glicose e a resposta alimentar. Manter esses hormônios em equilíbrio é essencial para a saúde metabólica e o controle do estresse.

Função Cognitiva e Desempenho: O desempenho cognitivo, incluindo atenção, memória e tempo de reação, segue um ritmo circadiano. A capacidade cognitiva tende a ser melhor durante o dia e diminui à noite. A desregulação do ciclo circadiano, como resultado de privação de sono ou trabalho em turnos, pode prejudicar significativamente a função cognitiva e o desempenho. Manter um ciclo circadiano regular é fundamental para otimizar a função cognitiva e o desempenho diário.

Entender o ciclo circadiano e como ele regula esses processos biológicos é essencial para desenvolver estratégias eficazes de intervenção e suporte para a recuperação do vício, especialmente no contexto do vício em pornografia. Ao manter um ciclo circadiano saudável, podemos melhorar não apenas a qualidade do sono, mas também a saúde física e mental geral, criando uma base mais sólida para a recuperação e o bem-estar contínuo.

Manter um ciclo circadiano regular é essencial não apenas para otimizar a saúde mental e cognitiva, mas também para promover a saúde física e prevenir doenças crônicas. Ao entender e respeitar nossos ritmos circadianos, podemos criar hábitos diários que sustentem nosso bem-estar e nos ajudem a alcançar uma vida mais saudável e equilibrada.

Ciclo Circadiano e Vício

A desregulação do ciclo circadiano pode ter um impacto profundo na vulnerabilidade ao vício. Quando nosso relógio biológico está fora de sincronia, não apenas nossos padrões de sono são afetados, mas também nossa capacidade de tomar decisões, controlar impulsos e gerir o estresse. No contexto do vício em pornografia, essa desregulação pode intensificar os comportamentos aditivos e dificultar a recuperação.

A privação de sono é um dos principais fatores que contribuem para a desregulação circadiana. Quando não dormimos o suficiente ou mantemos horários de sono irregulares, nossos níveis de energia, humor e capacidade de tomar decisões são diretamente afetados. A falta de sono adequado pode levar a:

Aumento da Impulsividade: A privação de sono compromete a função do córtex pré-frontal, a área do cérebro responsável pelo controle dos impulsos e pela tomada de decisões racionais. Isso pode resultar em uma maior tendência a ceder aos desejos e comportamentos aditivos, incluindo o uso compulsivo de pornografia.

Redução da Capacidade de Tomar Decisões: O sono insuficiente pode prejudicar a capacidade de avaliar as consequências de nossas ações, levando a decisões impulsivas e arriscadas. No caso do vício em pornografia, isso pode significar maior dificuldade em resistir à tentação, mesmo quando estamos conscientes dos efeitos negativos.

Aumento do Estresse e da Ansiedade: A privação de sono aumenta os níveis de cortisol, o hormônio do estresse, que pode exacerbar a ansiedade e o estresse. Esses estados, por sua vez, podem levar ao uso de pornografia como uma forma de escapismo ou alívio temporário.

Manter um ciclo circadiano irregular, com horários de sono e vigília inconsistentes, pode criar um ambiente propício para o desenvolvimento de comportamentos aditivos. As seguintes situações são comuns:

Desregulação dos Ritmos de Sono: Dormir em horários diferentes todos os dias, especialmente dormir muito tarde e acordar muito tarde, pode desregular os ritmos de sono e vigília. Isso não apenas afeta a qualidade do sono, mas também interfere na produção hormonal e nos processos metabólicos, criando um ciclo vicioso que dificulta a recuperação do vício.

Aumento do Tempo de Tela à Noite: A exposição à luz azul emitida por dispositivos eletrônicos à noite pode suprimir a produção de melatonina, dificultando o início do sono e resultando em um sono fragmentado e de má qualidade. O uso prolongado de dispositivos também pode aumentar a exposição a conteúdos pornográficos, reforçando o comportamento aditivo.

Técnicas para Regular o Ciclo Circadiano

Manter uma rotina de sono consistente é uma das estratégias mais eficazes para regular o ciclo circadiano. Uma rotina regular ajuda a alinhar o relógio biológico com o ciclo natural de luz e escuridão, promovendo um sono de qualidade e melhorando a saúde geral.

Criando uma Rotina ao Dormir:

Consistência é Fundamental: Vá para a cama e acorde nos mesmos horários todos os dias, incluindo fins de semana. Isso reforça seu relógio biológico e pode ajudar a adormecer e acordar mais facilmente.

Tempo Adequado de Sono: Certifique-se de dormir o suficiente todas as noites. A maioria dos adultos necessita de 7 a 9 horas de sono por noite para funcionar de maneira otimizada. Crianças e adolescentes geralmente precisam de mais.

Dormir e acordar nos mesmos horários todos os dias cria uma rotina que o corpo aprende a seguir. Isso ajuda a regular a produção de hormônios como a melatonina, que induz o sono, e o cortisol, que promove a vigília. Manter uma rotina consistente minimiza a variação no tempo de sono e melhora a eficiência do sono.

Criando um Ambiente Propício ao Sono:

Ambiente Escuro: Use cortinas blackout para manter o quarto escuro. A escuridão estimula a produção de melatonina, o hormônio que induz o sono.

Silêncio e Tranquilidade: Minimize o ruído no quarto. Use tampões de ouvido ou uma máquina de ruído branco se o ambiente for barulhento.

Temperatura Confortável: Mantenha a temperatura do quarto fresca e confortável. Uma temperatura mais baixa pode ajudar a melhorar a qualidade do sono.

Um ambiente escuro e silencioso é essencial para um sono reparador. A escuridão ajuda a sinalizar ao corpo que é hora de dormir, enquanto o silêncio minimiza interrupções durante a noite. Manter o quarto a uma temperatura confortável, geralmente entre 18-21°C, pode ajudar a manter o corpo relaxado e pronto para descansar.

Desenvolvendo uma Rotina Relaxante Antes de Dormir:

Desconexão Digital: Evite telas eletrônicas pelo menos uma hora antes de dormir. A luz azul dos dispositivos pode interferir na produção de melatonina.

Atividades Relaxantes: Envolva-se em atividades calmantes antes de dormir, como leitura, ouvir música suave, tomar um banho quente ou praticar meditação. Essas atividades ajudam a sinalizar ao corpo que é hora de desacelerar.

Estabelecer uma rotina relaxante antes de dormir pode ajudar a preparar a mente e o corpo para o sono. A desconexão dos dispositivos eletrônicos é crucial, pois como foi dito, a luz azul pode suprimir a produção de melatonina e dificultar o início do sono. Atividades relaxantes como leitura ou meditação ajudam a reduzir o estresse e a ansiedade, promovendo um estado de calma que facilita a transição para o sono.

Aproveitando ao Máximo a Luz do Dia:

Passe Tempo ao Ar Livre: Sempre que possível, passe tempo ao ar livre durante o dia, especialmente pela manhã. A luz solar da manhã é particularmente eficaz para ajustar o ciclo circadiano.

Ambientes de Trabalho Bem Iluminados: Se você trabalha em ambientes fechados, posicione sua estação de trabalho perto de uma janela ou use lâmpadas de espectro completo que imitam a luz natural.

Horários Consistentes para Refeições:

Rotina Alimentar: Estabeleça horários fixos para suas refeições principais e lanches. Isso ajuda a sincronizar o relógio biológico e pode melhorar a digestão e o metabolismo.

Evite Comer Tarde da Noite: Tente evitar refeições pesadas perto da hora de dormir. Comer tarde pode dificultar o sono e causar desconforto digestivo. O ideal é evitar alimenta-se por pelo menos duas horas antes de dormir. Isso ajudar a preparar o corpo, e principalmente o sistema digestivo para um descanso mais eficaz.

Inclua alimentos que promovem o sono em sua dieta, como nozes, sementes, bananas, aveia, entre outros. Esses alimentos contêm nutrientes que podem ajudar a regular a produção de melatonina. Reduza o consumo de cafeína e álcool, especialmente à noite. Essas substâncias podem interferir no sono e desregular o ciclo circadiano.

Exercícios Físicos:

Atividades ao Ar Livre: Praticar exercícios ao ar livre pela manhã não só ajuda a sincronizar o relógio biológico com a luz do dia, mas também melhora o humor e os níveis de energia.

Exercícios de Intensidade Moderada: Caminhadas, corridas leves e ciclismo são exemplos de atividades matutinas que podem ajudar a regular o ciclo circadiano.

Relaxamento e Flexibilidade: Se você preferir se exercitar à noite, opte por atividades de baixa intensidade, como pilates ou alongamentos. Essas práticas podem ajudar a relaxar o corpo e preparar a mente para o sono.

Evitar Exercícios Intensos: Atividades físicas intensas perto da hora de dormir podem aumentar os níveis de adrenalina e dificultar o sono. Tente concluir exercícios vigorosos pelo menos três horas antes de dormir.

Considerações

Adotar práticas que regulam o ciclo circadiano é crucial para a recuperação do vício em pornografia e para o bem-estar geral. Estabelecer uma rotina de sono consistente, maximizar a exposição à luz natural, manter horários regulares de alimentação e incorporar exercícios físicos regulares são passos fundamentais para alinhar o relógio biológico com os ritmos naturais. Esses ajustes não apenas melhoram a qualidade do sono, mas também fortalecem a resiliência espiritual, emocional e física, criando uma base sólida para uma recuperação duradoura e uma vida equilibrada.

A espiritualidade desempenha um papel significativo na manutenção de um ciclo circadiano saudável. Práticas como oração, meditação e leitura bíblica não apenas acalmam a mente, mas também promovem um estado de tranquilidade que facilita o sono. Incorporar práticas espirituais na rotina diária pode melhorar significativamente a qualidade do sono e a saúde mental. Essas práticas ajudam a reduzir o estresse, aumentar a sensação de bem-estar e criar um ambiente mental que favorece o descanso.

Este capítulo explorou a importância crucial do ciclo circadiano na recuperação do vício, destacando como um relógio biológico bem regulado pode fornecer a base necessária para uma vida equilibrada e saudável. Através da compreensão e implementação de técnicas para regular o ciclo circadiano, podemos criar um ambiente interno que promove a resiliência emocional, a saúde física e o bem-estar mental.

Capítulo 6: A Nutrição e o Vício

A nutrição desempenha um papel fundamental em nossa saúde geral, afetando tudo, desde a energia e a imunidade até o humor e o funcionamento cerebral. Quando pensamos em recuperação de vícios, muitas vezes focamos em abordagens psicológicas e espirituais, mas a nutrição é um componente essencial que muitas vezes é negligenciado.

Imagine seu corpo como uma máquina complexa. Assim como um carro precisa de combustível de alta qualidade para funcionar corretamente, nosso corpo precisa de nutrientes adequados para operar de maneira ótima. A alimentação equilibrada fornece os blocos de construção que nosso cérebro e corpo necessitam para se curar e funcionar de forma eficaz.

Neste capítulo, exploraremos a profunda conexão entre nutrição e vício, mostrando como uma alimentação nutricional pode apoiar a recuperação. Abordaremos como diferentes nutrientes afetam o cérebro, influenciam o comportamento e ajudam no processo de desintoxicação. Além disso, forneceremos sugestões práticas de alimentação saudável, destacando a importância de integrar a nutrição com práticas espirituais para uma abordagem holística na recuperação.

Ao incorporar uma nutrição adequada, você pode fortalecer seu corpo e mente, proporcionando uma base sólida para a transformação e a renovação. Vamos descobrir como a alimentação pode ser uma aliada poderosa na busca por uma vida equilibrada e livre do vício.

Nutrição e Cérebro

A alimentação que escolhemos diariamente tem um impacto profundo em nosso cérebro e, por extensão, em nossos comportamentos, emoções e capacidades cognitivas. Neste tópico, exploraremos como diferentes nutrientes influenciam a saúde cerebral e como eles podem apoiar a recuperação do vício.

O cérebro é uma máquina metabólica intensiva, responsável por uma série de funções vitais que incluem pensamento, memória, movimento e emoções. Para manter essas funções em equilíbrio, ele depende de uma variedade de nutrientes essenciais:

Ômega-3 - Ácidos Graxos: Esses ácidos graxos são fundamentais para a saúde cerebral. Encontrados em peixes gordurosos, nozes e sementes de chia, os ômegas-3 desempenham um papel crucial na construção de membranas celulares no cérebro e na redução da inflamação. Estudos mostram que uma dieta rica em ômega-3 pode melhorar a função cognitiva e reduzir sintomas de depressão e ansiedade, fatores que muitas vezes estão ligados ao vício.

Antioxidantes: Frutas e vegetais coloridos são ricos em antioxidantes, como as vitaminas C e E, que protegem o cérebro contra danos oxidativos. Esses nutrientes ajudam a combater o estresse oxidativo, um processo que pode danificar as células cerebrais e está associado ao declínio cognitivo. Manter uma dieta rica em antioxidantes pode apoiar a saúde cerebral e promover uma melhor função cognitiva.

Vitaminas do Complexo B: As vitaminas B, incluindo B6, B12 e folato, são essenciais para a produção de neurotransmissores, que são os mensageiros químicos do cérebro. Deficiências nessas vitaminas podem levar a problemas de memória, humor e concentração. Alimentos como carnes magras, ovos, vegetais de folhas verdes e grãos integrais são excelentes fontes dessas vitaminas.

Aminoácidos: Os aminoácidos são os blocos de construção das proteínas e desempenham um papel vital na produção de neurotransmissores. O triptofano, por exemplo, é um precursor da serotonina, um neurotransmissor que ajuda a regular o humor e o sono. Consumir alimentos ricos em aminoácidos, como carnes, laticínios e leguminosas, pode ajudar a manter um equilíbrio saudável de neurotransmissores.

Imagine um estudante universitário que enfrenta altos níveis de estresse durante os períodos de provas. Ele decide incorporar mais alimentos ricos em ômega-3 e antioxidantes em sua dieta. Após algumas semanas, ele percebe que sua capacidade de concentração melhorou e que se sente menos ansioso, mostrando como a nutrição pode influenciar diretamente a saúde cerebral.

Os neurotransmissores são substâncias químicas que transmitem sinais entre os neurônios no cérebro, influenciando uma ampla gama de funções e comportamentos. A nutrição tem um impacto direto na produção e regulação desses neurotransmissores:

Serotonina: A serotonina é conhecida como o neurotransmissor do "bem-estar" e está envolvida na regulação do humor, apetite e sono. Alimentos ricos em triptofano, como peru, nozes e queijo, ajudam a aumentar os níveis de serotonina no cérebro, promovendo uma sensação de bem-estar e calma.

Dopamina: A dopamina é crucial para o sistema de recompensa do cérebro e está associada ao prazer e à motivação. Alimentos ricos em tirosina, como carnes, peixes, ovos e laticínios, podem aumentar a produção de dopamina, melhorando a motivação e o foco.

GABA (Ácido Gama-Aminobutírico): O GABA é um neurotransmissor inibitório que ajuda a acalmar o sistema nervoso, reduzindo a ansiedade e promovendo relaxamento. Alimentos ricos em magnésio, como espinafre, amêndoas e abacate, podem aumentar a produção de GABA, ajudando a regular o estresse e a ansiedade.

Comece hoje mesmo a incorporar mais alimentos saudáveis em sua alimentação. Experimente adicionar uma porção extra de vegetais ao seu jantar ou escolha nozes como um lanche saudável. Observe como essas pequenas mudanças podem impactar positivamente seu humor, energia e capacidade de concentração.

Nutrição e Comportamento

A alimentação não só influencia nossa saúde física e cerebral, mas também tem um impacto significativo em nosso comportamento, humor e capacidade de controlar impulsos. A relação entre nutrição e comportamento é complexa, envolvendo a interação de diversos nutrientes com nossos sistemas neuroquímicos. Neste tópico, exploraremos como a alimentação pode influenciar o comportamento e como uma alimentação adequada pode ajudar na regulação do humor e no controle dos impulsos.

A maneira como nos alimentamos pode afetar diretamente nossos níveis de energia, nosso estado emocional e nossa capacidade de tomar decisões racionais. Alimentos ricos em nutrientes essenciais podem promover a estabilidade emocional e o bem-estar mental, enquanto dietas pobres em nutrientes podem contribuir para a instabilidade emocional e comportamentos impulsivos.

Carboidratos Complexos: Carboidratos complexos, encontrados em alimentos integrais como aveia, quinoa e batata-doce, são importantes para a produção de energia sustentável. Eles ajudam a manter os níveis de açúcar no sangue estáveis, o que pode prevenir oscilações de humor e comportamentos impulsivos.

Proteínas: As proteínas são compostas de aminoácidos, que são essenciais para a produção de neurotransmissores. Consumir proteínas de alta qualidade, como ovos, carnes magras, leguminosas e laticínios, pode ajudar a regular o humor e melhorar a função cognitiva.

Gorduras Saudáveis: Gorduras saudáveis, como aquelas encontradas em abacate, nozes, sementes e azeite de oliva, são cruciais para a saúde do cérebro e a produção de hormônios. Elas ajudam a manter a integridade das membranas celulares e facilitam a comunicação entre os neurônios.

Alimentação e Recuperação do Vício

A recuperação do vício é um processo que envolve múltiplas dimensões da saúde física e mental. A nutrição desempenha um papel crucial nesse processo, fornecendo os nutrientes necessários para a desintoxicação, reparação celular e manutenção da saúde mental. Neste tópico, discutiremos como uma dieta saudável pode apoiar a recuperação do vício, destacando a importância de uma alimentação equilibrada para a saúde física e mental.

Uma dieta saudável é essencial para fornecer ao corpo os nutrientes necessários para funcionar corretamente. Isso é especialmente importante para aqueles em recuperação do vício, pois o corpo e o cérebro precisam se recuperar dos danos causados pelo uso de substâncias e dos comportamentos compulsivos.

Desintoxicação: Durante a recuperação, o corpo passa por um processo de desintoxicação, onde toxinas acumuladas são eliminadas. Alimentos ricos em antioxidantes, como frutas vermelhas, vegetais de folhas verdes e nozes, podem ajudar a acelerar esse processo, protegendo as células contra danos e promovendo a regeneração celular.

Reparação Celular: Uma alimentação desbalanceada pode causar danos significativos às células do corpo, incluindo células cerebrais. Nutrientes como proteínas de alta qualidade, ácidos graxos ômega-3 e vitaminas do complexo B são essenciais para a reparação e regeneração celular.

Saúde Mental: A nutrição tem um impacto direto na saúde mental, influenciando o humor, a cognição e o comportamento. Dietas ricas em nutrientes essenciais podem ajudar a estabilizar o humor, reduzir a ansiedade e melhorar a função cognitiva, fatores que são fundamentais para a recuperação do vício.

Determinados alimentos têm propriedades específicas que podem apoiar a recuperação do vício, ajudando na desintoxicação, reparação celular e manutenção da saúde mental conforme mencionado anteriormente.

Reflita sobre sua alimentação atual e considere fazer mudanças que possam apoiar sua recuperação. Incorpore mais frutas, vegetais, proteínas magras e gorduras saudáveis em suas refeições diárias. Lembre-se de que a nutrição é uma ferramenta poderosa que pode ajudá-lo a se sentir mais forte, mais saudável e mais capaz de resistir ao vício.

Sugestões de Alimentação Saudável

Uma alimentação saudável é fundamental para apoiar a recuperação do vício, promovendo um bem-estar físico e mental. Elaborar planos de alimentação balanceados é uma maneira eficaz de garantir que você está recebendo todos os nutrientes necessários para apoiar sua recuperação.

Adotar hábitos alimentares saudáveis pode parecer desafiador no início, mas com algumas dicas práticas, é possível fazer mudanças positivas e duradouras na sua dieta:

Planejamento de Refeições: Dedique um tempo semanal para planejar suas refeições. Faça uma lista de compras com os ingredientes necessários e prepare algumas refeições com antecedência. Isso ajuda a evitar escolhas alimentares impulsivas e pouco saudáveis.

Incorporação Gradual: Introduza novos alimentos saudáveis gradualmente em sua dieta. Comece adicionando uma porção extra de vegetais no almoço ou trocando o lanche da tarde por uma opção mais nutritiva.

Hidratação: Mantenha-se hidratado ao longo do dia. A água é essencial para a digestão, circulação e regulação da temperatura corporal. Tente beber em média por dia 30 ml de água por quilo corporal.

Consciência Alimentar: Pratique a alimentação consciente, prestando atenção aos sinais de fome e saciedade do seu corpo. Coma devagar e aprecie cada mordida, evitando distrações como televisão ou celular durante as refeições.

Substituições Saudáveis: Faça substituições inteligentes, como trocar carboidratos refinados por integrais, usar azeite de oliva no lugar de óleo vegetal e escolher proteínas magras em vez de carnes gordurosas.

Considerações

A relação entre nutrição e recuperação do vício é um aspecto crucial, porém frequentemente negligenciado, no caminho para a saúde e bem-estar. Ao longo deste capítulo, exploramos como diferentes nutrientes afetam o funcionamento do cérebro, influenciam o comportamento e ajudam no processo de recuperação. Vimos que uma alimentação equilibrada pode fornecer os blocos de construção necessários para desintoxicação, reparação celular e manutenção da saúde mental.

Adotar hábitos alimentares saudáveis, como planejar refeições, incorporar gradualmente novos alimentos, manter-se hidratado e praticar a alimentação consciente, são passos práticos que podem ser implementados diariamente.

A jornada para superar o vício e me específico em pornografia é desafiadora, mas ao integrar a nutrição adequada com outras práticas de recuperação, incluindo princípios da espiritualidade, podemos fortalecer nosso corpo e mente, criando uma base sólida para a transformação e a renovação. Lembre-se de que cada escolha saudável é um passo em direção a uma recuperação mais forte e sustentável.

Capítulo 7: A Importância da Atividade Física

A atividade física é um componente crucial para a saúde e o bem-estar geral. Mais do que apenas uma ferramenta para manter o peso sob controle, a atividade física oferece uma ampla gama de benefícios que vão desde melhorias na saúde mental até o fortalecimento da resiliência emocional. Quando se trata de recuperação do vício, o exercício pode ser um aliado poderoso, proporcionando uma forma saudável de lidar com o estresse, melhorar o humor e reforçar a determinação.

A recuperação do vício é um processo que exige múltiplas abordagens, envolvendo aspectos físicos, mentais e espirituais. A atividade física desempenha um papel vital nesse processo, ajudando a restaurar a saúde do corpo, equilibrar as emoções e fortalecer a mente. Além disso, o exercício pode servir como um substituto positivo para os comportamentos viciantes, oferecendo uma maneira saudável de gastar energia e encontrar prazer.

A relação entre a atividade física e a saúde mental tem sido objeto de numerosos estudos científicos, que demonstram como a atividade física regular pode levar a melhorias significativas no humor, na redução da ansiedade e na diminuição dos sintomas de depressão. O exercício físico promove a liberação de endorfinas, substâncias químicas no cérebro que atuam como analgésicos naturais e elevam o humor. Além disso, a prática regular de exercícios pode melhorar a qualidade do sono, aumentar os níveis de energia e fortalecer o sistema imunológico, todos aspectos fundamentais para uma recuperação eficaz do vício.

O estresse é um fator significativo que pode contribuir para o desenvolvimento e a manutenção de comportamentos viciantes. O exercício físico é uma das formas mais eficazes de combater o estresse, pois ajuda a regular os níveis de cortisol, o hormônio do estresse, no corpo. Atividades como corrida, natação, ciclismo e pilates não apenas proporcionam uma saída para a energia acumulada, mas também ajudam a acalmar a mente e a promover uma sensação de bem-estar. A prática regular de exercícios pode criar uma rotina saudável que substitui comportamentos viciantes, oferecendo uma alternativa positiva para lidar com situações estressantes.

A resiliência emocional é a capacidade de se adaptar e se recuperar de situações difíceis. A atividade física desempenha um papel crucial no fortalecimento dessa resiliência, ajudando as pessoas a desenvolverem uma maior capacidade de enfrentar desafios e superar obstáculos. Participar de atividades físicas regulares pode aumentar a autoconfiança e a autoestima, dois elementos essenciais para a construção de uma mentalidade resiliente. Além disso, o exercício físico pode fornecer um senso de realização e progresso, que é particularmente importante para aqueles em recuperação de vícios.

A prática de exercícios físicos tem efeitos profundos no cérebro, incluindo a melhoria da função cognitiva, a promoção da neuroplasticidade e o aumento da produção de neurotransmissores que regulam o humor e as emoções. O aumento do fluxo sanguíneo para o cérebro durante o exercício ajuda a nutrir as células cerebrais e a promover o crescimento de novas conexões neuronais. Isso não apenas melhora a memória e a capacidade de concentração, mas também pode ajudar a reparar os danos causados por comportamentos viciantes.

Uma das maiores dificuldades na recuperação do vício é encontrar maneiras saudáveis de substituir os comportamentos viciantes. A atividade física oferece uma solução ideal, proporcionando uma maneira de ocupar o tempo e a mente com atividades que são benéficas para a saúde física e mental. A prática regular de exercícios pode criar novos hábitos e rotinas que ajudam a desviar a atenção dos comportamentos viciantes, promovendo um estilo de vida mais saudável e equilibrado.

A recuperação do vício não é apenas uma questão de força de vontade; envolve uma abordagem holística que considera o corpo, a mente e o espírito. O exercício físico é uma parte fundamental dessa abordagem, pois conecta esses três aspectos de maneira integrada. Ao melhorar a saúde física, o exercício também beneficia a saúde mental e espiritual, criando uma base sólida para a recuperação. A atividade física pode servir como uma forma de meditação em movimento, ajudando a mente a focar e a encontrar paz interior enquanto o corpo se fortalece e agradece.

Para aqueles em recuperação do vício, é importante estabelecer metas realistas e sustentáveis para a prática de exercícios. Isso pode envolver a definição de pequenos objetivos alcançáveis, que aumentam gradualmente em intensidade e duração. A criação de um plano de exercícios personalizado que se ajuste às necessidades e capacidades individuais é crucial para manter a motivação e evitar o desânimo. Além disso, encontrar atividades que sejam agradáveis e que proporcionem satisfação pessoal pode ajudar a manter o compromisso com a prática regular de exercícios.

O apoio social é um elemento essencial na recuperação do vício e na manutenção de uma rotina de exercícios. Participar de grupos de exercícios, encontrar um parceiro de treino ou se juntar a comunidades esportivas pode fornecer a motivação e o encorajamento necessários para continuar praticando atividades físicas. O apoio social também pode criar um senso de pertencimento e conexão, que é vital para o bem-estar emocional e a recuperação do vício. Compartilhar experiências e desafios com outros que estão no mesmo propósito pode fortalecer a determinação e o compromisso com a recuperação.

Benefícios do Exercício Físico

A prática regular de atividades físicas traz uma série de benefícios para o corpo e a mente. Os benefícios físicos do exercício são vastos e incluem a melhoria da saúde cardiovascular, o aumento da força muscular, o controle do peso e a prevenção de diversas doenças crônicas. Vamos explorar cada um desses benefícios em mais detalhes.

Melhoria da Saúde Cardiovascular: O exercício regular fortalece o coração, melhora a circulação sanguínea e reduz o risco de doenças cardiovasculares. Atividades como corrida, ciclismo e natação são especialmente eficazes. Estudos mostram que pessoas que se envolvem em atividades físicas regulares têm menor risco de desenvolver doenças cardíacas e apresentam melhor pressão arterial e níveis de colesterol. Além disso, o exercício ajuda a manter a flexibilidade das artérias e a reduzir a inflamação, fatores cruciais para a saúde cardiovascular a longo prazo.

Aumento da Força e Resistência Muscular: Exercícios de resistência, como musculação e pilates, ajudam a construir músculos e aumentar a resistência. Isso não só melhora a aparência física, mas também facilita a realização das atividades diárias. Programas de treinamento de resistência podem aumentar significativamente a força muscular e a resistência. A força muscular é vital para a manutenção da mobilidade e da independência, especialmente à medida que envelhecemos.

Controle do Peso: A prática de exercícios ajuda a queimar calorias e a manter um peso saudável. Combinado com uma alimentação equilibrada, o exercício é fundamental para o controle de peso a longo prazo. A Organização Mundial da Saúde recomenda pelo menos 150 minutos de atividade física moderada por semana para ajudar na manutenção do peso e na prevenção da obesidade. A regulação do peso corporal também ajuda a prevenir doenças associadas ao excesso de peso, como diabetes tipo 2, hipertensão e certos tipos de câncer.

Melhoria da Flexibilidade e Mobilidade: Atividades como alongamento, por exemplo, pilates ajuda a melhorar a flexibilidade e a mobilidade das articulações. Isso é particularmente importante para a prevenção de lesões e para a manutenção da capacidade de realizar atividades diárias com facilidade. A flexibilidade também contribui para uma melhor postura e um menor risco de dores musculares e articulares.

Aumento da Densidade Óssea: Exercícios de resistência, como levantamento de peso, e atividades de impacto, como corrida e saltos, são benéficos para a saúde óssea. Eles ajudam a aumentar a densidade óssea, reduzindo o risco de osteoporose e fraturas, especialmente em mulheres pós-menopáusicas e idosos.

Exercício e o Cérebro

O exercício físico tem um impacto profundo no funcionamento do cérebro. Além dos benefícios físicos, a atividade física regular também pode melhorar a função cognitiva, regular o humor e ajudar no controle dos impulsos. O exercício afeta diferentes aspectos do cérebro e a importância dessas mudanças para a recuperação do vício.

A função cognitiva refere-se a processos mentais como memória, atenção, pensamento crítico e tomada de decisões. O exercício físico pode ter efeitos significativos em todas essas áreas.

Melhoria da Memória: O exercício aumenta o fluxo sanguíneo para o cérebro, promovendo o crescimento de novas células cerebrais e melhorando a memória. Atividades aeróbicas como corrida e ciclismo são especialmente benéficas. A neurogênese, o processo pelo qual novas células cerebrais são formadas, é estimulada pelo exercício, particularmente no hipocampo, uma área do cérebro crucial para a memória e a aprendizagem.

Aumento da Capacidade de Concentração: A prática regular de exercícios ajuda a melhorar a capacidade de concentração e foco, facilitando a realização de tarefas complexas e a tomada de decisões. A atividade física aumenta a produção de fatores neurotróficos, que são proteínas que ajudam na sobrevivência e crescimento de neurônios. Esses fatores, como o fator neurotrófico derivado do cérebro (BDNF), são essenciais para a plasticidade sináptica, que é a capacidade do cérebro de adaptar e reorganizar suas conexões em resposta a novas informações e experiências.

Desenvolvimento da Função Executiva: A função executiva inclui habilidades como planejamento, organização e controle inibitório. O exercício físico regular pode melhorar essas habilidades, facilitando um melhor gerenciamento do tempo e maior eficácia na realização de tarefas cotidianas. Isso é particularmente importante para pessoas em recuperação de vícios, que podem precisar desenvolver novas rotinas e hábitos para substituir comportamentos negativos.

Além de melhorar a função cognitiva, o exercício físico tem efeitos profundos no humor e no controle dos impulsos, ambos críticos para a recuperação do vício.

Regulação do Humor: O exercício estimula a produção de serotonina e dopamina, neurotransmissores que regulam o humor e promovem a sensação de felicidade e bem-estar. Isso pode ser particularmente útil para pessoas em recuperação do vício, que muitas vezes lutam contra a depressão e a ansiedade. A atividade física regular está associada a uma menor prevalência de sintomas depressivos e ansiosos. A prática regular de exercícios pode proporcionar uma sensação de bem-estar e reduzir os sintomas de distúrbios de humor, tornando-se uma ferramenta poderosa na luta contra o vício.

Controle dos Impulsos: A atividade física regular ajuda a regular os níveis de cortisol, o hormônio do estresse, e a aumentar a resiliência emocional. Isso pode ajudar a melhorar o autocontrole e a reduzir comportamentos impulsivos. A prática regular de exercícios está ligada a uma maior capacidade de controle dos impulsos e melhor regulação emocional. Exercícios que envolvem concentração e disciplina, como pilates e artes marciais, podem ser particularmente eficazes em melhorar o controle dos impulsos.

Redução da Ansiedade: A redução da ansiedade é crucial para a recuperação do vício, pois muitas pessoas recorrem a substâncias ou comportamentos viciantes como forma de automedicação para a ansiedade.

Exercício e Recuperação do Vício

A integração de uma rotina regular de exercícios na recuperação do vício pode proporcionar uma série de benefícios físicos e mentais que ajudam a reforçar a resiliência e a promover uma vida saudável e equilibrada. O papel da atividade física na recuperação do vício abrange desde a redução dos sintomas de abstinência até a promoção de um senso renovado de bem-estar e controle sobre a própria vida.

Além dos benefícios físicos, o exercício regular também oferece numerosos benefícios mentais, ajudando a melhorar o humor, reduzir o estresse e aumentar a energia. Engajar-se em atividades físicas pode desviar a atenção dos desejos e comportamentos relacionados ao vício, proporcionando uma saída saudável para a energia e o estresse. A prática de exercícios físicos pode ser uma estratégia eficaz para a prevenção de recaídas. A atividade física oferece uma alternativa produtiva e positiva, ajudando a preencher o tempo que poderia ser gasto em comportamentos viciantes.

A prática regular de exercícios pode melhorar a autoimagem e a autoestima, fatores importantes na recuperação do vício. A atividade física aumenta a percepção de autoeficácia e a confiança, elementos cruciais para a manutenção da sobriedade. A sensação de conquista ao atingir metas de fitness pode fortalecer a autoestima e proporcionar um senso de controle e empoderamento, aspectos fundamentais para aqueles que estão superando um vício.

A estrutura proporcionada por uma rotina de exercícios pode trazer um senso de ordem e propósito, o que é particularmente importante durante a recuperação. Manter um horário consistente para a prática de atividades físicas pode ajudar a estabelecer um ritmo diário que suporte outros aspectos da vida, como alimentação saudável e sono regular.

Embora possa parecer contraditório, a prática regular de exercícios pode aumentar os níveis de energia ao melhorar a eficiência do sistema cardiovascular e fortalecer os músculos. Isso ocorre porque o exercício melhora a circulação e a entrega de oxigênio e nutrientes aos tecidos do corpo, aumentando a vitalidade e a disposição geral.

O exercício regular pode melhorar a qualidade do sono, ajudando as pessoas a adormecerem mais rapidamente e a terem um sono mais profundo. A atividade física ajuda a regular o ritmo circadiano do corpo, promovendo um ciclo de sono-vigília mais saudável. Pessoas que se exercitam regularmente têm menor probabilidade de sofrer de insônia e outros distúrbios do sono.

Considerações

Integrar o exercício físico na recuperação do vício e em específico em pornografia é uma abordagem poderosa e eficaz que pode transformar vidas. A prática regular de exercícios oferece inúmeros benefícios físicos e mentais, desde a melhoria da saúde cardiovascular até o fortalecimento da resiliência emocional. É possível superar o vício e construir uma vida saudável e equilibrada.

A atividade física, quando combinada com outras estratégias de recuperação, como PNL, psicologia positiva, ciclo circadiano e práticas espirituais, pode fornecer uma base sólida para a manutenção da sobriedade e o bem-estar a longo prazo. Lembre-se de estabelecer metas realistas, se possível buscar apoio social e manter uma atitude positiva e perseverante.

A jornada de recuperação é única para cada pessoa, mas com as ferramentas certas e um compromisso com a saúde e o bem-estar, a vitória sobre o vício é possível. Continue a se mover, a se fortalecer e a se conectar com seu corpo e sua mente, e encontre na atividade física um caminho para uma vida renovada e gratificante.

Capítulo 8: Planos de Ação

O vício em pornografia é um desafio complexo que afeta a mente, o corpo e o espírito. Superar esse vício exige uma abordagem holística que integre diversas disciplinas e práticas para proporcionar uma recuperação completa e duradoura. Neste capítulo, apresentaremos sete planos de ação detalhados, cada um incorporando ferramentas da espiritualidade, neurociência, PNL (programação neurolinguística) e psicologia positiva. Cada plano de ação é projetado para oferecer um guia passo a passo, ajudando você a construir uma vida mais equilibrada e saudável.

Cada plano de ação culmina com um componente espiritual, reconhecendo a importância fundamental da fé e da conexão com Deus na jornada de recuperação. Através da oração, meditação bíblica e comunhão com outros cristãos, você encontrará a força e a inspiração necessárias para superar os desafios do vício. Esses planos de ação não são apenas estratégias isoladas, mas partes interligadas de um processo contínuo de transformação pessoal e espiritual.

Ao seguir esses planos de ação, você será guiado em uma jornada de autoconsciência, definição de objetivos, fortalecimento mental e emocional, construção de autoestima, controle de impulsos, desenvolvimento de relacionamentos saudáveis e renovação espiritual. Cada passo foi cuidadosamente elaborado para oferecer suporte prático e espiritual, ajudando você a encontrar a liberdade e a paz que tanto deseja.

Prepare-se para uma jornada de transformação. Com dedicação, fé e o uso dessas ferramentas integradas, você pode superar esse vício e construir uma vida mais equilibrada, saudável e espiritualmente enriquecida. Que esses planos de ação sejam um guia em sua jornada, auxiliando você a alcançar a liberdade e a paz que tanto deseja.

Plano de Ação 1: Autoconsciência e Reconhecimento

Objetivo: Aumentar a autoconsciência sobre os gatilhos e padrões do vício em pornografia e reconhecer a necessidade de mudança.

Passo 1: Diário de Autoconsciência

Ferramenta: Psicologia Positiva.

Descrição: O primeiro passo é manter um diário detalhado para registrar os momentos em que você sente o desejo de consumir pornografia. Esse registro ajudará a identificar padrões, gatilhos e sentimentos associados ao vício.

Registro Diário: Anote cada vez que sentir o desejo de consumir pornografia. Inclua o que estava fazendo, sentindo e pensando antes do desejo surgir.

Análise Semanal: Revise suas anotações semanalmente para identificar padrões e gatilhos recorrentes.

Reflexão: Reflita sobre como esses padrões afetam sua vida e o que poderia ser feito de diferente para interrompê-los.

Resultado: Manter um diário de autoconsciência permite que você se aprofunde em seus próprios pensamentos e emoções, proporcionando clareza e entendimento sobre os padrões de seu vício. Este é um passo fundamental para qualquer processo de mudança, pois oferece a base necessária para identificar e abordar os gatilhos subjacentes. Lembre-se, cada registro é um passo em direção à liberdade.

Passo 2: Técnica do Swish

Ferramenta: PNL.

Descrição: A técnica do Swish é uma ferramenta poderosa da PNL que ajuda a substituir imagens mentais negativas por positivas, redirecionando sua mente para comportamentos mais saudáveis.

Identificação de Gatilhos: Imagine uma situação em que normalmente recorre à pornografia. Visualize essa imagem em detalhes.

Criação de Imagem Positiva: Imagine uma imagem positiva que deseja alcançar, como se sentir confiante e livre do vício.

Técnica do Swish: Troque rapidamente entre as duas imagens, diminuindo a imagem negativa e aumentando a positiva. Repita várias vezes até que a imagem positiva predomine.

Resultado: Ao utilizar a técnica do Swish, você começa a reprogramar seu subconsciente para focar em resultados positivos e saudáveis. Isso não apenas reduz o impacto dos gatilhos negativos, mas também fortalece sua capacidade de visualizar e alcançar um futuro livre do vício. Visualize, a cada troca, uma nova versão de você mesmo se tornando mais forte e mais livre.

Passo 3: Meditação de Consciência Plena

Ferramenta: Neurociência.

Descrição: A meditação de consciência plena, ou mindfulness, é uma prática que envolve focar a atenção no momento presente, observando seus pensamentos e sentimentos sem julgamento.

Sessões Diárias: Dedique 10-15 minutos por dia para sentar-se em silêncio, focando na respiração e observando seus pensamentos.

Respiração Consciente: Concentre-se na respiração, notando o movimento do ar entrando e saindo dos pulmões.

Observação Sem Julgamento: Observe seus pensamentos e sentimentos sem tentar alterá-los ou julgá-los. Apenas reconheça e deixe passar.

Resultado: A prática regular da meditação de consciência plena melhora significativamente a sua autoconsciência e capacidade de lidar com o estresse. Isso permite que você responda a situações desafiadoras com maior calma e clareza, reduzindo a necessidade de recorrer a comportamentos viciantes como forma de escape. A cada respiração consciente, você se aproxima da sua liberdade.

Passo 4: Leitura e Meditação da Bíblia

Ferramenta: Espiritualidade.

Descrição: A leitura e meditação da Bíblia fornecem força e sabedoria, permitindo que você encontre orientação espiritual para superar o vício.

Escolha de Passagens: Selecione passagens que falem sobre força e superação, aqui vale relembrar, Filipenses: capítulo 4, versículo 13: "Tudo posso naquele que me fortalece".

Leitura Atenta: Leia a passagem lentamente, refletindo sobre cada versículo. Use um diário para anotar seus pensamentos e insights.

Meditação: Após a leitura, feche os olhos e medite sobre as palavras. Pergunte a si mesmo como elas se aplicam à sua vida e que mudanças elas inspiram.

Oração de Reflexão: Termine com uma oração, pedindo orientação e entendimento sobre a passagem lida.

Resultado: A leitura e meditação da Bíblia proporcionam uma conexão profunda com a sabedoria e força divina. Esta prática não só fortalece sua fé, mas também oferece a orientação espiritual necessária para enfrentar e superar os desafios do vício. Cada versículo é uma pedra na construção da sua nova vida.

Conclusão Final do Plano 1

Integrar autoconsciência, técnica do Swish, meditação de consciência plena e leitura e meditação bíblica proporciona uma abordagem holística para reconhecer e superar os padrões de vício. Este plano fortalece sua mente, corpo e espírito, fornecendo uma base sólida para a transformação. "Mas graças a Deus, que nos dá a vitória por meio de nosso Senhor Jesus Cristo" (1º Coríntios: capítulo 15, versículo 57). Cada passo dado é uma vitória na jornada para a liberdade.

Plano de Ação 2: Redefinição de Objetivos e Propósito

Objetivo: Redefinir objetivos de vida e encontrar um propósito maior para motivar a superação do vício.

Passo 1: Definição de Objetivos

Ferramenta: Psicologia Positiva.

Descrição: Definir objetivos claros e alcançáveis que irão substituir o tempo gasto com pornografia é essencial para criar uma vida equilibrada e significativa.

Lista de Metas: Crie uma lista de metas a curto, médio e longo prazo. Inclua objetivos pessoais, profissionais e espirituais.

SMART Goals: Certifique-se de que seus objetivos sejam Específicos, Mensuráveis, Atingíveis, Relevantes e com Prazo, (SMART).

Planejamento de Ações: Descreva as ações necessárias para alcançar cada objetivo e estabeleça prazos realistas.

Resultado: Estabelecer objetivos claros e alcançáveis dá sentido e direção à sua vida. Ao substituir o tempo e a energia gastos com o vício por atividades significativas, você começa a construir uma vida equilibrada e satisfatória, movendo-se constantemente em direção ao seu propósito maior. Cada meta atingida é um passo mais perto da liberdade.

Passo 2: Técnica da Linha do Tempo

Ferramenta: PNL.

Descrição: A técnica da linha do tempo envolve visualizar sua vida como uma linha temporal, ajudando a traçar um caminho claro para alcançar seus objetivos e superar o vício.

Visualização do Futuro: Imagine sua linha do tempo pessoal e visualize um futuro onde você está livre do vício, sentindo-se pleno e realizado.

Identificação de Marcos: Identifique marcos importantes ao longo da linha do tempo que representam conquistas e progressos significativos.

Reversão de Passos: Trace os passos necessários para alcançar esses marcos, trabalhando de trás para frente.

Resultado: A visualização de sua linha do tempo pessoal ajuda a criar um plano estruturado e realista para alcançar seus objetivos. Isso não apenas aumenta a motivação, mas também fornece um mapa claro para sua jornada de recuperação, facilitando a superação dos obstáculos no caminho. Cada passo visualizado é uma jornada de transformação.

Passo 3: Estabelecimento de Rotinas Saudáveis

Ferramenta: Neurociência.

Descrição: Criar novas rotinas que suportem seus objetivos e reduzam os gatilhos do vício é crucial para uma recuperação sustentável.

Planejamento de Rotinas: Inclua exercícios físicos, alimentação saudável e horários regulares de sono em sua rotina diária.

Atividades Positivas: Substitua o tempo gasto com pornografia por atividades positivas e construtivas, como hobbies, leitura, ou aprendizado de novas habilidades.

Monitoramento de Hábitos: Use aplicativos ou ferramentas de monitoramento de hábitos para acompanhar seu progresso e manter-se responsável.

Resultado: A criação de rotinas saudáveis estabelece uma estrutura diária que apoia seus objetivos e reduz a exposição a gatilhos de vício. Ao manter uma rotina equilibrada e focada em atividades positivas, você promove uma recuperação sustentável e duradoura. Cada nova rotina é um tijolo na construção de uma vida livre e plena.

Passo 4: Oração de Propósito

Ferramenta: Espiritualidade.

Descrição: Utilizar a oração para buscar clareza e força no seu propósito de vida é fundamental para manter a motivação e o foco na recuperação.

Oração Diária: Ore diariamente, pedindo a Deus para guiá-lo em seus novos objetivos e ajudá-lo a encontrar e cumprir seu propósito divino.

Reflexão Espiritual: Reserve um tempo para refletir sobre seu propósito e como ele se alinha com a vontade de Deus.

Comunhão com Deus: Fortaleça sua comunhão com Deus através da oração, buscando orientação e força para superar os desafios.

Resultado: A oração de propósito fortalece sua conexão com Deus e fornece a clareza e a motivação necessárias para perseguir e alcançar seus objetivos de vida. Através dessa prática, você encontra direção e propósito, essenciais para uma recuperação bem-sucedida. Cada oração é um passo guiado pela fé em direção à sua liberdade.

Conclusão Final do Plano 2

Redefinir seus objetivos de vida e alinhar-se com seu propósito maior transforma a jornada de recuperação em uma busca significativa e inspiradora. Este plano combina ferramentas práticas e espirituais para garantir que você permaneça motivado e focado em seu caminho para a liberdade. "Porque sou eu que conheço os planos que tenho para vocês', diz o Senhor, 'planos de fazê-los prosperar e não de causar dano, planos de dar a vocês esperança e um futuro" (Jeremias: capítulo 29, versículo 11). Cada objetivo alcançado é um passo em direção ao propósito divino.

Plano de Ação 3: Fortalecimento Mental e Emocional

Objetivo: Fortalecer a mente e as emoções para resistir aos impulsos e superar o vício.

Passo 1: Exercícios de Resiliência

Ferramenta: Psicologia Positiva.

Descrição: Praticar exercícios que aumentem sua resiliência emocional é essencial para enfrentar os desafios e resistir aos impulsos.

Reflexão sobre Superação: Liste situações desafiadoras que você superou no passado e reflita sobre as forças que utilizou.

Desenvolvimento de Habilidades: Pratique habilidades de resiliência, como a resolução de problemas, a flexibilidade e a busca de apoio social.

Exercícios de Gratidão: Pratique a gratidão diariamente, anotando três coisas pelas quais você é grato. Isso fortalece a resiliência emocional.

Resultado: Fortalecer sua resiliência emocional proporciona uma base sólida para enfrentar os desafios associados ao vício. Ao refletir sobre suas conquistas passadas e praticar a gratidão, você desenvolve a capacidade de lidar com o estresse de maneira mais eficaz, promovendo um bem-estar emocional duradouro. Cada reflexão sobre suas vitórias é um lembrete de sua força interior.

Passo 2: Ancoragem Positiva

Ferramenta: PNL.

Descrição: A técnica de ancoragem permite acessar estados emocionais positivos rapidamente, proporcionando uma ferramenta eficaz para enfrentar situações desafiadoras.

Escolha de Memória Positiva: Escolha uma memória feliz e toque um ponto específico no seu corpo (como o pulso) enquanto a revive.

Reforço da Âncora: Repita o processo várias vezes para fortalecer a âncora emocional.

Utilização da Âncora: Use essa âncora sempre que sentir o desejo de consumir pornografia, acessando rapidamente o estado emocional positivo.

Resultado: A ancoragem positiva oferece uma ferramenta prática para redirecionar suas emoções em momentos de tentação. Ao acessar rapidamente estados emocionais positivos, você fortalece sua capacidade de resistir aos impulsos negativos e manter o controle sobre suas ações. Cada âncora que você cria é uma chave para desbloquear sua força interior.

Passo 3: Meditação para Redução do Estresse

Ferramenta: Neurociência.

Descrição: A meditação para redução do estresse é uma prática eficaz para melhorar o foco, reduzir a ansiedade e fortalecer a resiliência emocional.

Sessões Diárias: Dedique 10-15 minutos diários para uma meditação guiada focada na redução do estresse e ansiedade.

Técnicas de Respiração: Pratique técnicas de respiração profunda e consciente para acalmar a mente e o corpo.

Mindfulness: Concentre-se no momento presente, observando seus pensamentos e sensações sem julgamento.

Resultado: A prática regular da meditação não só reduz o estresse, mas também fortalece sua capacidade de enfrentar e superar desafios emocionais. Ao melhorar o foco e a clareza mental, você se torna mais resistente às tentações e mais capaz de manter uma mente calma e equilibrada. Cada sessão de meditação é um passo em direção à paz interior e à liberdade.

Passo 4: Comunhão e Oração Comunitária

Ferramenta: Espiritualidade.

Descrição: Participar de grupos de oração e estudo bíblico proporciona suporte espiritual e emocional, fortalecendo sua fé e resiliência.

Participação Ativa: Envolva-se ativamente em sua comunidade religiosa, participando de grupos de oração e estudo bíblico.

Compartilhamento de Experiências: Compartilhe suas lutas e vitórias com outros membros do grupo, buscando apoio e encorajamento mútuo.

Oração Comunitária: Ore junto com outros, pedindo força e apoio para superar o vício.

Resultado: A comunhão e oração comunitária fortalecem a rede de apoio espiritual e emocional, proporcionando um ambiente de encorajamento e fortalecimento da fé. Esse suporte é crucial para manter a resiliência e a determinação necessárias para superar o vício. Cada momento de oração comunitária é uma ligação direta com a força divina que o sustenta.

Conclusão Final do Plano 3

O fortalecimento mental e emocional, combinado com a comunhão espiritual, cria uma base sólida para enfrentar os desafios do vício. Este plano oferece ferramentas para desenvolver resiliência, controle emocional e suporte espiritual, essenciais para uma recuperação duradoura. "O Senhor é a minha rocha, a minha fortaleza e o meu libertador" (Salmos: capítulo 18, versículo 2). Cada ato de fortalecimento é um passo para uma vida de liberdade e paz.

Plano de Ação 4: Construção de Autoestima e Confiança

Objetivo: Aumentar a autoestima e a confiança para criar uma autoimagem positiva e resiliente.

Passo 1: Prática da Gratidão

Ferramenta: Psicologia Positiva.

Descrição: Desenvolver a prática diária de gratidão melhora a autoestima e promove uma visão mais positiva da vida.

Diário de Gratidão: Anote três coisas pelas quais você é grato todos os dias e reflita sobre elas.

Reconhecimento de Conquistas: Reconheça e celebre suas conquistas, por menores que sejam.

Expressão de Gratidão: Expresse gratidão a outras pessoas, fortalecendo relacionamentos positivos.

Resultado: A prática diária da gratidão transforma sua perspectiva de vida, fortalecendo sua autoestima e promovendo uma atitude positiva. Isso cria uma base emocional sólida, necessária para enfrentar desafios e manter-se confiante na jornada de recuperação. Cada agradecimento é um tijolo na construção de uma nova autoimagem positiva.

Passo 2: Técnica da Imagem Espelho

Ferramenta: PNL.

Descrição: A técnica da imagem espelho reforça uma autoimagem positiva, ajudando a construir confiança e autoestima.

Afirmações Positivas: Olhe para si mesmo no espelho e afirme qualidades positivas e conquistas.

Repetição Diária: Pratique essa técnica diariamente para reforçar sua autoimagem positiva.

Visualização: Visualize-se alcançando seus objetivos e vivendo uma vida livre do vício.

Resultado: Ao usar a técnica da imagem espelho, você reforça diariamente uma autoimagem positiva, aumentando a confiança e a autoestima. Esta prática constante ajuda a construir uma base sólida de autoaceitação e motivação, essencial para a superação do vício. Cada olhar no espelho é um lembrete da sua força e potencial.

Passo 3: Meditação Guiada para Autoestima

Ferramenta: Neurociência.

Descrição: A meditação guiada focada na autoestima ajuda a fortalecer a autoimagem e a confiança.

Sessões Diárias: Dedique 10-15 minutos diários para uma meditação guiada específica para fortalecer a autoestima.

Foco em Qualidades Positivas: Durante a meditação, concentre-se nas suas qualidades e conquistas.

Visualização: Visualize-se com confiança, enfrentando desafios e alcançando objetivos.

Resultado: A meditação guiada para autoestima fortalece sua autoimagem, proporcionando a confiança necessária para enfrentar desafios e resistir às tentações. Esta prática diária promove um crescimento contínuo na autovalorização e na resiliência emocional. Cada meditação é um passo para uma maior autoaceitação e confiança.

Passo 4: Leitura e Meditação da Bíblia sobre Identidade em Cristo

Ferramenta: Espiritualidade.

Descrição: Fortalecer sua identidade em Cristo através da leitura e meditação bíblica é essencial para construir uma autoimagem positiva e resiliente.

Escolha de Passagens: Leia passagens que falem sobre sua identidade como filho de Deus, como 1º Pedro: capítulo 2, versículo 9: "Mas vós sois a geração eleita, o sacerdócio real, a nação santa, o povo adquirido para Deus..."

Meditação: Medite sobre essas palavras diariamente, pedindo a Deus para fortalecer sua identidade e autoestima.

Oração de Gratidão: Agradeça a Deus por Seu amor e aceitação incondicional, reforçando sua autoimagem positiva.

Resultado: A leitura e meditação bíblica fortalecem sua identidade em Cristo, aumentando a autoestima e a confiança para enfrentar e superar o vício. Esta prática espiritual proporciona uma base sólida de autoaceitação e amor-próprio, fundamentais para uma recuperação duradoura. Cada passagem lida é uma confirmação do seu valor e propósito.

Conclusão Final do Plano 4

Construir autoestima e confiança é crucial para uma recuperação duradoura. Ao integrar gratidão, técnicas da imagem espelho, meditação e fortalecimento da identidade em Cristo, você estabelece uma base sólida para enfrentar desafios e criar uma vida plena e significativa. "Porque Deus não nos deu espírito de covardia, mas de poder, de amor e de equilíbrio" (2º Timóteo: capítulo 1, versículo 7). Cada ato de fortalecimento da autoestima é um passo em direção à liberdade e à autoconfiança.

Plano de Ação 5: Controle de Impulsos e Criação de Hábitos Saudáveis

Objetivo: Desenvolver o controle de impulsos e criar hábitos saudáveis que substituam o vício.

Passo 1: Técnica de Contagem

Ferramenta: Psicologia Positiva.

Descrição: Usar a técnica de contagem ajuda a ganhar tempo e controle sobre os impulsos, proporcionando uma pausa para refletir antes de agir.

Contagem Lenta: Quando sentir um impulso, conte lentamente até 10, respirando profundamente entre cada número.

Reflexão: Use esse tempo para refletir sobre as consequências de ceder ao impulso e alternativas saudáveis.

Ação Positiva: Escolha uma ação positiva para substituir o comportamento impulsivo, como fazer uma caminhada ou ligar para um amigo.

Resultado: A técnica de contagem oferece uma pausa crucial para reflexão, permitindo que você tome decisões mais conscientes e saudáveis. Este método simples, mas eficaz, ajuda a controlar impulsos e a evitar comportamentos viciantes. Cada contagem é um momento ganho de controle e clareza.

Passo 2: Reenquadramento de Crenças

Ferramenta: PNL.

Descrição: O reenquadramento de crenças permite substituir crenças limitantes por crenças positivas, ajudando a mudar a maneira como você vê e reage ao vício.

Identificação de Crenças Limitantes: Identifique uma crença limitante, como "Eu não consigo viver sem pornografia".

Substituição por Crenças Positivas: Reenquadre essa crença para uma positiva, como "Eu sou capaz de viver uma vida plena sem pornografia".

Repetição de Afirmações: Repita essa nova crença diariamente, reforçando sua convicção e confiança.

Resultado: O reenquadramento de crenças transforma sua mentalidade, substituindo pensamentos limitantes por afirmações positivas. Isso fortalece sua confiança e capacidade de resistir ao vício, promovendo uma mudança de comportamento duradoura. Cada crença positiva que você adota é um passo para uma vida transformada.

Passo 3: Exercícios de Mindfulness

Ferramenta: Neurociência.

Descrição: Praticar mindfulness aumenta a autoconsciência e o controle de impulsos, ajudando a lidar com emoções e pensamentos de forma mais saudável.

Sessões Diárias: Dedique 10-20 minutos diários para praticar exercícios de mindfulness.

Foco no Momento Presente: Concentre-se no momento presente, observando suas sensações, pensamentos e emoções sem julgamento.

Respiração Consciente: Pratique técnicas de respiração consciente profunda para acalmar a mente e o corpo.

Resultado: A prática de mindfulness promove uma autoconsciência profunda e controle emocional, essenciais para resistir aos impulsos e manter comportamentos saudáveis. Esta prática diária ajuda a desenvolver uma mente calma e focada, pronta para enfrentar os desafios da recuperação. Cada momento de mindfulness é um passo para uma mente mais clara e controlada.

Passo 4: Jejum Espiritual Regular

Ferramenta: Espiritualidade.

Descrição: Praticar o jejum espiritual regularmente fortalece o autocontrole e a disciplina espiritual, proporcionando uma base sólida para superar o vício.

Escolha do Jejum: Escolha um dia da semana para jejuar, abstendo-se de uma refeição ou de uma atividade específica.

Tempo de Oração: Use o tempo do jejum para oração e reflexão, buscando força e orientação de Deus.

Reflexão e Anotação: Anote os insights e revelações que recebe durante o jejum, fortalecendo sua disciplina espiritual.

Resultado: O jejum espiritual não apenas fortalece o autocontrole, mas também aprofunda sua conexão com Deus. Esta prática oferece um tempo dedicado para reflexão e renovação espiritual, essencial para uma recuperação sustentável e significativa. Cada momento de jejum é uma renovação da sua força espiritual.

Conclusão Final do Plano 5

Desenvolver controle de impulsos e criar hábitos saudáveis é crucial para substituir comportamentos viciantes. Integrando técnicas de contagem, reenquadramento de crenças, mindfulness e jejum espiritual, você constrói uma base sólida para uma vida equilibrada e livre do vício. "Não sobreveio a vocês tentação que não fosse comum aos homens. E Deus é fiel; ele não permitirá que vocês sejam tentados além do que podem suportar" (1º Coríntios: capítulo 10, versículo 13). Cada ato de controle de impulsos é um passo em direção à liberdade.

Plano de Ação 6: Desenvolvimento de Relacionamentos Saudáveis

Objetivo: Desenvolver relacionamentos saudáveis e de apoio que contribuam para a recuperação.

Passo 1: Rede de Apoio

Ferramenta: Psicologia Positiva.

Descrição: Crie uma rede de apoio com amigos e familiares que compreendam e apoiem sua jornada.

Identificação de Suporte: Identifique pessoas confiáveis em sua vida e converse abertamente sobre seus objetivos e desafios.

Busca de Apoio: Peça apoio e mantenha contato regular com essas pessoas, compartilhando suas lutas e progressos.

Envolvimento Comunitário: Participe de atividades comunitárias e grupos de apoio, fortalecendo sua rede de suporte.

Resultado: Ter uma rede de apoio forte e compreensiva é fundamental para a recuperação. Amigos e familiares fornecem encorajamento, apoio emocional e uma perspectiva externa, ajudando a manter você no caminho certo. Esses relacionamentos saudáveis formam uma base de sustentação, essencial para uma recuperação sólida e duradoura. Cada apoio que você recebe é um pilar na construção da sua liberdade.

Passo 2: Técnica de Modelagem

Ferramenta: PNL.

Descrição: Use a técnica de modelagem para aprender com exemplos positivos e integrar comportamentos saudáveis em sua vida.

Identificação de Modelos: Identifique pessoas que superaram vícios ou que têm hábitos saudáveis.

Estudo de Comportamentos: Observe e estude as ações e atitudes dessas pessoas.

Imitação Positiva: Implemente esses comportamentos positivos em sua própria vida, adaptando-os conforme necessário.

Resultado: A técnica de modelagem permite que você aprenda com o sucesso dos outros e aplique essas lições em sua própria vida. Este método prático e inspirador facilita a adoção de comportamentos saudáveis e resilientes. Aprender com os exemplos de outras pessoas ajuda a criar um caminho claro para a mudança e o crescimento pessoal. Cada comportamento positivo que você adota é um passo para uma vida mais saudável e feliz.

Passo 3: Participação em Atividades Sociais

Ferramenta: Psicologia Positiva.

Descrição: Envolva-se em atividades sociais que promovam interação positiva e apoio mútuo.

Atividades em Grupo: Participe de atividades em grupo, como clubes, esportes ou grupos de hobby.

Eventos Comunitários: Envolva-se em eventos comunitários que promovam interação e colaboração.

Voluntariado: Considere se voluntariar em organizações que precisem de ajuda, proporcionando um sentido de propósito e conexão.

Resultado: Participar de atividades sociais fortalece sua rede de suporte e proporciona oportunidades para interações positivas. Esses relacionamentos ajudam a criar um ambiente de apoio, onde você pode compartilhar suas experiências e encontrar encorajamento. A participação em atividades sociais enriquece sua vida, fornecendo um equilíbrio saudável e novas perspectivas. Cada atividade social é um passo para fortalecer seus laços e construir uma comunidade de apoio.

Passo 4: Comunhão com Outros Cristãos

Ferramenta: Espiritualidade.

Descrição: Fortaleça sua fé e apoio através da comunhão com outros cristãos.

Participação em Grupos: Envolva-se ativamente em sua igreja ou comunidade religiosa.

Estudos Bíblicos: Participe de grupos de estudos bíblicos e atividades comunitárias.

Compartilhamento Espiritual: Compartilhe suas lutas e vitórias com outros cristãos, buscando apoio e encorajamento mútuo.

Resultado: A comunhão com outros cristãos fortalece sua fé e proporciona um apoio espiritual crucial. Este ambiente de encorajamento e orientação divina é essencial para uma recuperação duradoura e significativa. Através dessa comunhão, você encontra não apenas apoio emocional, mas também a inspiração espiritual necessária para superar os desafios do vício. Cada momento de comunhão é uma renovação da sua fé e determinação.

Conclusão Final do Plano 6

Desenvolver relacionamentos saudáveis é essencial para uma recuperação bem-sucedida. Ao integrar rede de apoio, modelagem positiva, atividades sociais e comunhão cristã, você constrói uma base sólida de suporte e encorajamento. "Portanto, encorajem-se uns aos outros e edifiquem-se mutuamente, como de fato vocês estão fazendo" (1º Tessalonicenses: capítulo 5, versículo 11). Cada relacionamento saudável é um passo em direção à liberdade e ao fortalecimento espiritual.

Plano de Ação 7: Renovação da Mente e Transformação Espiritual

Objetivo: Renovar a mente e transformar a vida espiritual para manter uma recuperação duradoura.

Passo 1: Afirmações Positivas

Ferramenta: Psicologia Positiva.

Descrição: Use afirmações positivas para renovar a mente e fortalecer a autoestima.

Criação de Afirmações: Crie uma lista de afirmações positivas que reflitam seus objetivos e valores.

Repetição Diária: Repita essas afirmações diariamente, especialmente ao acordar e antes de dormir.

Visualização: Visualize-se alcançando seus objetivos e vivendo uma vida plena e saudável.

Resultado: As afirmações positivas renovam sua mentalidade, reforçando crenças construtivas e fortalecendo sua autoestima. Este hábito diário promove uma mudança interna profunda, essencial para uma recuperação duradoura. Cada afirmação repetida é um passo em direção a uma mente mais forte e confiante.

Passo 2: Técnica de Visualização

Ferramenta: PNL.

Descrição: Utilize a técnica de visualização para imaginar uma vida livre do vício.

Sessões Diárias: Dedique alguns minutos todos os dias para fechar os olhos e visualizar sua vida sem o vício.

Detalhamento da Visão: Visualize-se sentindo-se feliz, realizado e em paz.

Integração de Sentimentos: Envolva-se emocionalmente com essa visão, sentindo a alegria e a satisfação de alcançar seus objetivos.

Resultado: A visualização cria um quadro mental positivo e inspirador de seu futuro. Esta prática diária mantém você motivado e focado, ajudando a manifestar uma vida livre do vício. Cada visualização é um passo mais perto de realizar seus sonhos e metas.

Passo 3: Exercícios de Neuroplasticidade

Ferramenta: Neurociência.

Descrição: Pratique exercícios que promovam a neuroplasticidade e a renovação mental.

Atividades de Desafio Mental: Envolva-se em atividades que desafiem sua mente, como aprender algo novo, resolver quebra-cabeças ou praticar um hobby criativo.

Estímulos Positivos: Exponha-se a novos estímulos positivos e experiências enriquecedoras.

Consistência: Pratique essas atividades regularmente para fortalecer as conexões neurais.

Resultado: Os exercícios de neuroplasticidade promovem a flexibilidade e a resiliência mental. Esta prática constante facilita a criação de novos padrões de pensamento e comportamento, essenciais para uma recuperação duradoura. Cada novo desafio é um passo para uma mente mais ágil e resiliente.

Passo 4: Oração e Meditação da Bíblia

Ferramenta: Espiritualidade.

Descrição: Envolva-se profundamente na oração e meditação bíblica para renovar sua mente e espírito.

Escolha de Passagens: Escolha passagens que falem sobre a renovação da mente. "E não vos conformeis com este mundo, mas transformai-vos pela renovação da vossa mente, para que experimenteis qual seja a boa, agradável e perfeita vontade de Deus" (Romanos: capítulo 12, versículo 2).

Meditação: Medite sobre essas palavras diariamente, pedindo a Deus para transformar sua mente e fortalecer sua fé.

Oração de Transformação: Ore pedindo a Deus para renovar sua mente e guiá-lo em sua jornada de recuperação.

Resultado: A oração e meditação bíblica renovam sua mente e espírito, proporcionando uma base sólida para uma transformação profunda e duradoura. Esta prática espiritual contínua fortalece sua fé e resiliência, essenciais para uma vida livre do vício. Cada oração é um passo para uma transformação completa e significativa.

Conclusão Final do Plano 7

Renovar a mente e transformar a vida espiritual são fundamentais para uma recuperação duradoura. Integrando afirmações positivas, visualização, exercícios de neuroplasticidade e oração e meditação bíblica, você estabelece uma base sólida para uma vida equilibrada e espiritualmente enriquecida. "Pois quem conheceu a mente do Senhor, para que o possa instruir? Nós, porém, temos a mente de Cristo" (1º Coríntios: capítulo 2, versículo 16). Cada passo de renovação mental e espiritual é um passo em direção à verdadeira liberdade.

Considerações

Superar o vício em pornografia é uma jornada complexa e desafiadora, mas também uma oportunidade para transformação e renovação pessoal. Neste capítulo, exploramos sete planos de ação que combinam ferramentas da espiritualidade, neurociência, PNL (programação neurolinguística) e psicologia positiva. Cada plano foi desenhado para proporcionar um guia prático e inspirador, ajudando você a construir uma vida mais equilibrada, saudável e espiritualmente enriquecida. Escolha qual inicialmente faz mais sentido para você e mãos à obra. Sinta-se à vontade para trocar de plano até encontrar um que traga melhores resultados.

A espiritualidade emerge como o alicerce fundamental dessa jornada. A conexão profunda com Deus, através um relacionamento com Ele, incluindo oração, meditação bíblica e comunhão com outros cristãos, oferece uma fonte inesgotável de força, esperança e sabedoria. É através dessa base sólida que as outras práticas se tornam mais eficazes, proporcionando uma transformação duradoura e significativa.

Cada plano de ação oferece passos claros e detalhados:

Autoconsciência e Reconhecimento: Aumentar a autoconsciência e reconhecer os padrões do vício é o primeiro passo para a mudança. Manter um diário, praticar a técnica do Swish, meditação de consciência plena e leitura bíblica são ferramentas que proporcionam clareza e entendimento.

Redefinição de Objetivos e Propósito: Encontrar um propósito maior e redefinir objetivos de vida proporciona direção e motivação. Estabelecer metas claras, usar a técnica da linha do tempo, criar rotinas saudáveis e orar por propósito ajudam a construir uma vida significativa e equilibrada.

Fortalecimento Mental e Emocional: Desenvolver a resiliência emocional e o controle de impulsos é crucial para enfrentar os desafios. Praticar exercícios de resiliência, ancoragem positiva, meditação para redução do estresse e comunhão espiritual fortalecem a mente e as emoções.

Construção de Autoestima e Confiança: Aumentar a autoestima e a confiança é essencial para criar uma autoimagem positiva. Práticas de gratidão, técnica da imagem espelho, meditação guiada para autoestima e leitura bíblica sobre identidade em Cristo ajudam a fortalecer a autoaceitação e motivação.

Controle de Impulsos e Criação de Hábitos Saudáveis: Desenvolver o controle de impulsos e criar hábitos saudáveis que substituam o vício é vital. A técnica de contagem, reenquadramento de crenças, mindfulness e jejum espiritual oferecem uma base sólida para uma vida equilibrada.

Desenvolvimento de Relacionamentos Saudáveis: Cultivar relacionamentos de apoio é fundamental para a recuperação. Criar uma rede de apoio, usar a técnica de modelagem, participar de atividades sociais e fortalecer a comunhão com outros cristãos proporciona suporte emocional e espiritual.

Renovação da Mente e Transformação Espiritual: Renovar a mente e transformar a vida espiritual é crucial para manter a recuperação. Afirmações positivas, visualização, exercícios de neuroplasticidade e oração e meditação bíblica diária ajudam a construir uma mentalidade resiliente e espiritualmente fortalecida.

Cada passo dado é uma vitória, cada prática adotada é um tijolo na construção de uma vida livre do vício. "Mas graças a Deus, que nos dá a vitória por meio de nosso Senhor Jesus Cristo" (1º Coríntios: capítulo 15, versículo 57). Ao integrar essas ferramentas em sua vida diária, você não apenas supera o vício, mas também transforma profundamente sua mente, corpo e espírito.

Metáfora: O Jardim da Renovação

Imagine que sua vida é um jardim. Durante anos, algumas áreas desse jardim foram negligenciadas, permitindo que ervas daninhas crescessem e sufocassem as flores e plantas saudáveis. Essas ervas daninhas representam o vício em pornografia, que tomou espaço e energia, impedindo o crescimento do que é belo e bom em sua vida.

Você decide que é hora de transformar esse jardim. O primeiro passo é reconhecer as áreas afetadas, observando onde as ervas daninhas se enraizaram mais profundamente. Com paciência, você começa a arrancar essas ervas daninhas, uma a uma, entendendo que é um processo que exige tempo e dedicação.

Para garantir que essas ervas daninhas não voltem a crescer, você planta novas sementes em seu lugar. Essas sementes são seus novos objetivos, práticas de gratidão, afirmações positivas e hábitos saudáveis. Cada dia, você cuida dessas sementes, regando-as com amor e dedicação, sabendo que, com o tempo, elas crescerão e florescerão, preenchendo seu jardim com cores vibrantes e fragrâncias agradáveis.

Enquanto trabalha nesse jardim, você também encontra força e inspiração na luz do sol e na chuva que vêm do alto, representando a orientação e a força divina que você recebe através da oração e da meditação bíblica. Essa luz e chuva são essenciais para o crescimento das novas plantas, assim como a espiritualidade é fundamental para sua transformação e recuperação.

À medida que o tempo passa, você percebe que seu jardim está se transformando. As ervas daninhas se tornam cada vez menos frequentes, e as novas plantas começam a florescer, criando um espaço de paz, beleza e harmonia. Você olha para o seu jardim com orgulho e gratidão, sabendo que, embora o trabalho continue, você está no caminho certo.

Cada planta saudável que cresce é um símbolo de sua renovação mental e espiritual. Cada flor que desabrocha é um testemunho de sua força e resiliência. E cada momento passado cuidando do seu jardim é um passo em direção à liberdade e à paz interior.

Pense na história de Neemias, que liderou o povo na reconstrução dos muros de Jerusalém. Eles enfrentaram muitos obstáculos e adversários, mas com determinação e fé, perseveraram. Neemias: capítulo 4, versículo 6, diz: "Assim, continuamos a reconstruir o muro, e todo o muro foi unido até a metade da sua altura, pois o povo trabalhou com todo o coração".

Assim como Neemias e seu povo, você está reconstruindo os muros de sua vida, pedra por pedra, com determinação e fé. Cada esforço seu, cada oração, cada prática saudável é uma parte essencial dessa reconstrução.

"E disse-lhes: Vão para casa, comam e bebam do melhor que tiverem e repartam com os que nada têm, pois este dia é consagrado ao nosso Senhor. Não se entristeçam, porque a alegria do Senhor os fortalecerá" (Neemias: capítulo 8, versículo 10).

Seu jardim é a prova viva de que, com dedicação, fé e as ferramentas certas, é possível transformar sua vida e alcançar uma recuperação duradoura. Continue cuidando do seu jardim, e ele se tornará um refúgio de beleza e serenidade, um testemunho de sua jornada de transformação e renovação.

Capítulo 9: Lidando com a Vergonha e a Culpa

A jornada de recuperação do vício é um processo, abrangendo desafios físicos, mentais, emocionais e espirituais. Duas das emoções e ou sentimentos mais comuns e paralisantes que surgem durante esse processo são a vergonha e a culpa. Estes sentimentos podem se tornar obstáculos poderosos, dificultando o progresso e minando a autoconfiança. No entanto, compreender e enfrentar a vergonha e a culpa é essencial para uma recuperação bem-sucedida. Neste capítulo, vamos explorar profundamente como essas emoções se manifestam, como lidar com elas e, finalmente, como superá-las para permitir uma recuperação mais completa e saudável.

A vergonha e a culpa são emoções universais que todos experimentam em algum momento da vida, mas elas se tornam especialmente intensas e prejudiciais no contexto da recuperação do vício em pornografia. Elas podem ser originadas por comportamentos passados, pelo estigma social associado ao vício e pela autocrítica severa. Entender essas emoções e desenvolver estratégias eficazes para lidar com elas é crucial para quem está em processo de recuperação.

Durante a recuperação do vício, é comum que sentimentos de vergonha e culpa se intensifiquem. Refletir sobre comportamentos passados pode trazer à tona lembranças dolorosas de ações prejudiciais tomadas sob a influência do vício. A autocrítica severa, comum durante a recuperação, pode alimentar um ciclo de autodepreciação e desespero, dificultando ainda mais o processo de cura. Vale destacar a importância de cultivar a autocompaixão para quebrar esse ciclo e promover a cura emocional.

Compreender como a vergonha e a culpa afetam o processo de recuperação é fundamental. Essas emoções podem levar ao isolamento, à autossabotagem, à baixa autoestima e a problemas de saúde mental como ansiedade e depressão.

Neste capítulo, abordaremos diversas estratégias e técnicas para lidar com a vergonha e a culpa, incluindo o reconhecimento dessas emoções, a prática do autoperdão, a aceitação das imperfeições humanas, e a importância do apoio terapêutico e espiritual. Exploraremos também a prática da autocompaixão e do perdão, destacando como essas abordagens podem ser integradas no dia a dia para promover uma recuperação mais completa e duradoura. Vamos começar entendendo mais profundamente o que são a vergonha e a culpa, suas origens e seus impactos na jornada de recuperação.

Entendendo a Vergonha e a Culpa

Para lidarmos com a vergonha e a culpa, é essencial primeiro entender o que essas emoções significam, como se manifestam e de onde se originam.

Vergonha e culpa são frequentemente confundidas, mas são emoções distintas que têm impactos diferentes no processo de recuperação. A vergonha é uma emoção profundamente ligada à identidade de uma pessoa. Quando sentimos vergonha, acreditamos que há algo fundamentalmente errado conosco. É a sensação de ser inadequado, de ser um fracasso em nossa essência. A vergonha pode levar ao isolamento, porque a pessoa sente que não merece estar entre os outros ou ser amada. A vergonha é a "intensamente dolorosa sensação ou experiência de acreditar que somos defeituosos e, portanto, indignos de aceitação e pertencimento".

A culpa, por outro lado, está relacionada às ações específicas que cometemos ou deixamos de cometer. É o sentimento de responsabilidade por ter causado dor ou prejuízo a si mesmo ou aos outros. A culpa pode ser mais construtiva que a vergonha, pois pode motivar a reparação e a mudança de comportamento. No entanto, a culpa excessiva pode ser paralisante e prejudicial. A culpa é "a sensação desconfortável de que fizemos algo errado e devemos corrigir".

Compreender essas diferenças é crucial para abordar adequadamente essas emoções durante a recuperação.

Durante a recuperação do vício, sentimentos de vergonha e culpa podem emergir de várias fontes. Compreender essas origens é fundamental para desenvolver estratégias eficazes de enfrentamento.

Refletir sobre o passado pode trazer à tona lembranças de comportamentos prejudiciais. As ações tomadas sob a influência do vício podem gerar sentimentos intensos de culpa e vergonha. É comum sentir vergonha por ter machucado a si mesmo e aos outros, e culpa por não ter conseguido controlar o vício. Reconhecer nossos erros e aprender com eles é um passo importante para o autoperdão.

A sociedade normalmente vê o vício de forma negativa, como uma falha moral ou falta de força de vontade. Este estigma pode amplificar os sentimentos de vergonha, fazendo com que a pessoa se sinta ainda mais isolada e inadequada. O estigma social pode ser particularmente prejudicial, pois a pessoa em recuperação pode internalizar essas percepções negativas e acreditar que não merece apoio ou compreensão. Vale ressaltar a importância de combater o estigma com autocompaixão e autocompreensão.

Durante a recuperação, é fácil cair na armadilha da autocrítica severa. Sentir que você falhou consigo mesmo e com os outros pode gerar um ciclo de autodepreciação e desespero. O autojulgamento pode ser uma resposta natural à percepção de falhas e erros, mas é crucial aprender a desafiar e mudar esses pensamentos autocríticos. A autocompaixão é essencial para quebrar o ciclo de autocrítica e vergonha.

A vergonha e a culpa podem ter efeitos debilitantes no processo de recuperação. Vamos explorar como essas emoções específicas influenciam a jornada de recuperação:

Isolamento: A vergonha pode levar ao isolamento, pois a pessoa sente que não merece apoio ou compreensão. Isso pode dificultar a busca por ajuda e a participação em grupos de apoio, que são essenciais para a recuperação. O isolamento agrava os sentimentos de inadequação e pode impedir que a pessoa em recuperação encontre as redes de suporte necessárias para o sucesso. O isolamento pode perpetuar o ciclo de vergonha e culpa.

Autossabotagem: Sentimentos intensos de culpa podem levar à autossabotagem. A pessoa pode acreditar que não merece recuperação ou felicidade, o que pode resultar em comportamentos que minam o progresso. Esse ciclo vicioso pode perpetuar o vício. A autossabotagem pode manifestar-se de várias formas, incluindo negligência com o autocuidado, evasão de responsabilidades e retorno aos comportamentos viciantes. A prática da autocompaixão e da autoempatia pode ajudar a interromper esse ciclo.

Baixa Autoestima: A vergonha e a culpa corroem a autoestima, dificultando a construção de uma autoimagem positiva e a confiança em si mesmo. Sentir-se constantemente indigno pode fazer com que a pessoa se veja como incapaz de mudar. A baixa autoestima impede que a pessoa em recuperação veja seu valor intrínseco e reconheça suas capacidades e conquistas. A autocompaixão e a autoempatia é uma ferramenta poderosa para reconstruir a autoestima.

Ansiedade e Depressão: A vergonha e a culpa podem contribuir para a ansiedade e a depressão, criando um ciclo vicioso que dificulta ainda mais a recuperação. A saúde mental deteriorada pode afetar a capacidade de manter a sobriedade e buscar uma vida equilibrada. Ansiedade e depressão são comorbidades comuns na recuperação do vício, e é essencial abordar essas condições paralelamente à recuperação.

Compreender esses impactos é crucial para desenvolver estratégias eficazes para superar a vergonha e a culpa durante a recuperação.

Lidando com a Vergonha e a Culpa

Superar a vergonha e a culpa é um passo vital na recuperação do vício. Para começar a lidar com elas, é fundamental adotar uma abordagem de autoperdão e autoaceitação. Isso envolve reconhecer os sentimentos, aprender a perdoar a si mesmo e aceitar as imperfeições como parte da condição humana.

Reconhecimento: O primeiro passo para lidar com a vergonha e a culpa é reconhecê-las. Isso significa ser honesto consigo mesmo sobre os sentimentos que está experimentando. Muitas vezes, a tendência é ignorar ou reprimir esses sentimentos, mas reconhecê-los é essencial para começar a trabalhar neles. Pergunte a si mesmo: "O que estou sentindo e por que estou sentindo isso?" O reconhecimento dos próprios sentimentos é um passo fundamental para a cura emocional. A prática da autocompaixão começa com a disposição de nos voltarmos para o que estamos experimentando e nomear esses sentimentos.

Autoperdão: Praticar o autoperdão é fundamental. Isso envolve reconhecer os erros do passado, aprender com eles e decidir conscientemente deixar de lado a culpa que não serve a um propósito construtivo. Lembre-se de que todos cometem erros e que o autoperdão é um passo importante para seguir em frente. Vale destacar a importância do autoperdão como uma forma de liberar o peso emocional e avançar em direção à cura. O autoperdão é essencial para a saúde emocional, permitindo que deixemos de lado o passado e nos movamos para uma vida mais plena.

Autoaceitação: Aceitar que todos cometem erros e que ninguém é perfeito pode ajudar a aliviar a vergonha. A autoaceitação envolve ver-se com compaixão e entender que o passado não define o seu valor pessoal. Aceitar as imperfeições e as falhas como parte da condição humana é essencial para a recuperação. A autoaceitação é um componente crucial da compaixão por si mesmo que faz parte da autoempatia. Aceitar nossas falhas é um passo vital para construir uma vida mais compassiva e plena.

Journaling: Manter um diário pode ser uma ferramenta poderosa para processar sentimentos de vergonha e culpa. Escrever sobre experiências e emoções pode ajudar a clarificar pensamentos e sentimentos, promovendo a cura. Use o diário para refletir sobre o que desencadeia esses sentimentos e como você pode trabalhar para superá-los. A escrita expressiva pode reduzir os sintomas de depressão e melhorar a saúde emocional. Ela permite que as pessoas processem eventos traumáticos e se libertem das emoções negativas associadas a esses eventos.

Terapia e Grupos de Apoio: Buscar ajuda profissional através de terapia ou participar de grupos de apoio pode proporcionar um espaço seguro para expressar sentimentos e receber feedback construtivo. A (TCC) terapia cognitivo-comportamental é especialmente eficaz para trabalhar com vergonha e culpa, ajudando a identificar e modificar padrões de pensamento negativo.

Meditação e Mindfulness: Práticas de meditação e mindfulness podem ajudar a aumentar a consciência dos próprios sentimentos e promover a aceitação sem julgamento. A mindfulness pode ajudar a reconhecer e aceitar emoções difíceis, como vergonha e culpa, sem se apegar a elas. Através da mindfulness aprendemos a observar nossos pensamentos e sentimentos com uma perspectiva aberta e equilibrada, permitindo-nos lidar melhor com as emoções desafiadoras.

Atividades Físicas e Criativas: Engajar-se em atividades físicas e criativas pode ser uma forma eficaz de aliviar a vergonha e a culpa. Exercícios físicos, como caminhada, corrida ou pilates, podem ajudar a reduzir o estresse e melhorar o bem-estar emocional. Atividades criativas, como pintura, música ou escrita, permitem a expressão de sentimentos e a conexão com aspectos positivos da identidade. A atividade física não apenas melhora a saúde física, mas também ajuda a liberar endorfinas que podem reduzir sentimento de culpa e aumentar a autoestima.

Reconhecer e aceitar a vergonha e a culpa como parte do processo de recuperação é um passo importante para a cura. Praticar o autoperdão, manter um diário, buscar apoio terapêutico, engajar-se em meditação e mindfulness, e participar de atividades físicas e criativas são estratégias eficazes para gerenciar esses sentimentos e promover uma recuperação saudável.

Técnicas de Autocompaixão

A prática da autocompaixão é essencial para aliviar sentimentos de vergonha e culpa, promovendo uma visão mais positiva e encorajadora de si mesmo. Autocompaixão envolve ser gentil consigo mesmo em momentos de falha ou dificuldade, em vez de ser autocrítico e severo. A autocompaixão é composta por três elementos principais:

Auto bondade: Ser gentil e compreensivo consigo mesmo. Isso significa tratar-se com a mesma gentileza e cuidado que você ofereceria a um amigo querido. A auto bondade envolve ser caloroso e compreensivo consigo mesmo quando você falha ou comete um erro, em vez de se flagelar com autocrítica.

Humanidade Comum: Reconhecer que todos os seres humanos falham e sofrem. Isso ajuda a lembrar que não estamos sozinhos em nossas dificuldades e que o sofrimento é uma parte natural da vida. A humanidade comum trata sobre ver nossas próprias experiências como parte da experiência humana maior, em vez de nos sentirmos isolados em nosso sofrimento.

Atenção Plena: Manter uma consciência equilibrada das emoções negativas, sem exagerar ou suprimir. Isso envolve observar os pensamentos e sentimentos dolorosos com uma perspectiva aberta e equilibrada, sem se identificar excessivamente com eles. A atenção plena nos permite observar nossos pensamentos e sentimentos com uma perspectiva aberta e equilibrada.

Praticar a autocompaixão pode trazer diversos benefícios, incluindo:

Redução da Ansiedade e Depressão: A autocompaixão está associada a níveis mais baixos de ansiedade e depressão. Pessoas que praticam a autocompaixão tendem a ser mais resilientes emocionalmente e a lidar melhor com o estresse.

Aumento da Resiliência: A autocompaixão ajuda a desenvolver uma maior resiliência emocional, permitindo que as pessoas lidem melhor com os desafios e as adversidades. A autocompaixão é uma ferramenta poderosa para construir resiliência emocional e lidar com as dificuldades da vida. Pessoas com altos níveis de autocompaixão têm maior capacidade de recuperação após situações estressantes.

Melhoria da Saúde Mental: Pessoas que praticam a autocompaixão tendem a ter uma melhor saúde mental e bem-estar geral. A prática da autocompaixão pode reduzir os níveis de cortisol, o hormônio do estresse, e aumentar a produção de oxitocina, o hormônio do amor e do bem-estar. A autocompaixão pode contribuir para uma melhor saúde mental ao promover comportamentos saudáveis e reduzir o estresse.

Existem várias práticas que podem ajudar a desenvolver a autocompaixão:

Diário de Autocompaixão: Dedique alguns minutos todos os dias para escrever sobre suas experiências e sentimentos, abordando-os com gentileza e compreensão. Manter um diário pode ajudar a processar emoções difíceis e promover a autocompaixão. Pergunte a si mesmo: "O que estou sentindo hoje?", "Como posso ser gentil comigo mesmo diante dessas emoções?". Escreva frases positivas e compassivas, como "Estou fazendo o meu melhor" e "É normal cometer erros".

Meditação da Autocompaixão: Pratique a meditação focada na autocompaixão, que envolve repetir frases gentis e compreensivas para si mesmo. Por exemplo, "Que eu seja feliz", "Que eu esteja seguro", "Que eu seja saudável". A meditação da autocompaixão pode ser guiada por aplicativos ou gravações que ajudam a concentrar a mente e a cultivar sentimentos de bondade e compreensão. Inicie com sessões curtas e aumente gradualmente o tempo conforme se torna mais confortável com a prática.

Escrita de Autocompaixão: Escreva uma carta para si mesmo a partir de uma perspectiva compassiva. Reconheça suas dificuldades e ofereça palavras de apoio e encorajamento. Escreva essa carta para si mesmo, como se estivesse escrevendo para um amigo querido, isso pode ajudar a cultivar a autocompaixão. A escrita de autocompaixão pode reduzir a autocrítica e promover uma autoimagem mais positiva.

Autoconsolo: Pratique o autoconsolo físico, como abraçar a si mesmo ou colocar a mão no coração enquanto repete frases de conforto e apoio. O autoconsolo físico pode ajudar a ativar o sistema de resposta ao cuidado do corpo, promovendo sentimentos de segurança e bem-estar. Práticas de autoconsolo podem ser uma maneira eficaz de ativar o sistema de autocuidado e reduzir a resposta ao estresse.

Desafiar Pensamentos Autocríticos: Sempre que pensamentos autocríticos surgirem, desafie-os e substitua-os por pensamentos mais compassivos e realistas. Pergunte a si mesmo se você diria essas palavras a um amigo querido. Se a resposta for não, pense em uma maneira mais gentil e compreensiva de se tratar. Desafiar pensamentos autocríticos é essencial para desenvolver uma perspectiva mais compassiva e equilibrada sobre si mesmo.

Grupos de Apoio e Workshops: Participar de grupos de apoio ou workshops focados em autocompaixão pode proporcionar um ambiente seguro e encorajador para desenvolver essas habilidades. Estes grupos oferecem a oportunidade de compartilhar experiências e aprender com os outros, promovendo um sentimento de conexão e suporte comunitário.

Leitura e Educação: Ler livros e artigos sobre autocompaixão pode aumentar o entendimento e fornecer estratégias práticas para incorporar a autocompaixão no dia a dia.

Reflexão e Autoconhecimento: Reservar um tempo para reflexão e autoconhecimento pode ajudar a identificar áreas onde a autocompaixão é necessária. Praticar a auto-observação sem julgamento pode aumentar a consciência sobre os próprios padrões de pensamento e comportamento, facilitando a aplicação da autocompaixão.

O Poder do Perdão

O perdão é um componente essencial na jornada de recuperação do vício. Ele não apenas liberta a pessoa dos sentimentos de ressentimento e amargura, mas também promove a cura emocional e espiritual. O perdão envolve tanto o autoperdão quanto o perdão aos outros e o ato de pedi-lo são cruciais para uma recuperação completa.

Perdão não significa esquecer ou justificar comportamentos prejudiciais. Em vez disso, envolve:

Liberar o Ressentimento: Deixar de lado o ressentimento e a raiva que pesam sobre você. Isso não implica que o que aconteceu foi aceitável, mas que você está escolhendo não carregar o peso emocional. O perdão é um processo deliberado que envolve uma mudança no sentimento e na atitude em relação ao ofensor, superando emoções negativas como ressentimento e desejo de vingança.

Aceitar a Humanidade: Reconhecer que todos cometem erros e que a falha é uma parte da condição humana. Isso pode ajudar a desenvolver uma perspectiva mais compassiva. Aceitar a humanidade em si mesmo e nos outros é crucial para o processo de perdão, pois nos permite ver além das falhas e erros.

Focar no Presente e no Futuro: Em vez de se prender ao passado, o perdão permite focar em como você pode crescer e melhorar a partir desse momento. O perdão é uma escolha que nos liberta do passado e nos permite viver plenamente no presente.

O perdão traz muitos benefícios para a saúde espiritual, mental e emocional:

Redução do Estresse: O perdão pode reduzir significativamente os níveis de estresse e melhorar a saúde mental. A prática do perdão está associada a níveis mais baixos de cortisol, o hormônio do estresse, o que pode promover um melhor bem-estar físico e emocional.

Melhoria das Relações: Perdoar a si mesmo e aos outros pode melhorar a qualidade das relações, promovendo a reconciliação e o entendimento mútuo. O perdão pode transformar relacionamentos, construindo uma base de confiança e respeito.

Aumento do Bem-estar: O perdão está associado a níveis mais altos de bem-estar, felicidade e satisfação com a vida. Pessoas que praticam o perdão relatam maior contentamento e uma perspectiva mais positiva da vida.

Praticar o perdão envolve várias etapas e pode ser um processo gradual. Aqui estão algumas estratégias eficazes:

Autoperdão: Reconheça suas falhas e erros, e entenda que a perfeição não é um requisito para o amor-próprio. Pratique a autocompaixão e lembre-se de que todos cometem erros. O autoperdão é um ato de autocompaixão que nos permite deixar de lado o passado e avançar com uma visão mais positiva de nós mesmos.

Perdão aos Outros: Envolva-se em práticas de perdão, como escrever uma carta para alguém que o magoou (mesmo que você nunca a envie), expressando suas emoções e liberando a necessidade de vingança ou ressentimento. Lembrar a ofensa, empatizar com o ofensor, oferecer um presente altruísta de perdão, comprometer-se com o perdão e manter esse compromisso.

Terapia de Perdão: Considere trabalhar com um terapeuta especializado em técnicas de perdão, que pode ajudá-lo a processar e liberar ressentimentos profundamente arraigados.

Visualização de Perdão: Pratique a visualização guiada onde você imagina perdoar a si mesmo ou a outra pessoa. Envolva-se mentalmente no ato de perdão, sentindo a liberação e a paz que isso traz. A visualização pode ser uma ferramenta poderosa para facilitar o processo de perdão e reduzir emoções negativas.

Reflexão Espiritual: A espiritualidade é uma fonte significativa de força e apoio no processo de perdão. Refletir sobre ensinamentos espirituais e meditar sobre passagens relevantes pode ajudar a promover uma perspectiva mais compassiva e compreensiva. Por exemplo, em Efésios: capítulo 4, versículo 32, é dito: "Sejam bondosos e compassivos uns para com os outros, perdoando-se mutuamente, assim como Deus os perdoou em Cristo".

Para ajudar na implementação das técnicas discutidas, aqui estão algumas sugestões de exercícios de perdão que os leitores podem praticar para aliviar sentimentos de vergonha e culpa e promover a recuperação do vício.

Carta de Perdão: Escreva uma carta para si mesmo ou para alguém que você sente necessidade de perdoar. Expresse seus sentimentos e, em seguida, releia a carta como se estivesse recebendo o perdão. Escrita de cartas de perdão pode ser uma ferramenta poderosa para liberar ressentimentos.

Ritual de Liberação: Crie um ritual simbólico para liberar o ressentimento. Por exemplo, escreva seus ressentimentos em um pedaço de papel e, em seguida, queime-o, simbolizando a liberação dos sentimentos negativos. Os rituais de liberação podem ajudar a concretizar o processo de perdão e promover a cura emocional.

Visualização de Perdão: Pratique a visualização guiada onde você imagina perdoar a si mesmo ou a outra pessoa. Envolva-se mentalmente no ato de perdão, sentindo a liberação e a paz que isso traz. A visualização pode ser uma ferramenta poderosa para facilitar o processo de perdão e reduzir emoções negativas.

Meditação do Perdão: Pratique meditação focada no perdão, onde você visualiza perdoar a si mesmo ou aos outros, e repete frases de perdão e liberação. A meditação do perdão pode ajudar a reduzir o estresse e promover a paz interior.

Considerações

A jornada de recuperação do vício em pornografia é repleta de desafios, mas também de oportunidades para crescimento e transformação pessoal. A vergonha e a culpa são emoções poderosas que podem atrasar o progresso, mas com as ferramentas e técnicas adequadas, é possível superá-las e construir uma vida mais saudável e equilibrada. Ao longo deste capítulo, exploramos a importância do autoperdão, da auto-compaixão e do perdão aos outros, e agora destaco a relevância da espiritualidade no processo de cura.

A importância da espiritualidade na superação da vergonha e da culpa não pode ser subestimada. A fé e as práticas espirituais podem oferecer um profundo sentido de propósito e orientação na jornada de recuperação.

Sentir-se conectado com Deus, uma força e poder superior pode proporcionar conforto e esperança durante a recuperação. A crença em Deus pode ajudar a aliviar a culpa e a vergonha, oferecendo um caminho para o perdão e a renovação.

A Bíblia oferece muitos versículos que podem ser fontes de conforto e inspiração durante a recuperação do vício em pornografia. Aqui estão alguns exemplos:

"Portanto, agora nenhuma condenação há para os que estão em Cristo Jesus" (Romanos: capítulo 8, versículo 1). Este versículo lembra que a fé em Cristo oferece uma nova oportunidade e a libertação da culpa.

"Como o Oriente está longe do Ocidente, assim ele afasta de nós as nossas transgressões" (Salmos: capítulo 103, versículo 12). Este versículo enfatiza o perdão divino e a remoção dos pecados, proporcionando conforto e esperança.

"Venham, vamos refletir juntos — diz o Senhor. Embora os seus pecados sejam como a escarlate, eles se tornarão brancos como a neve; embora sejam vermelhos como o carmesim, se tornarão como a lã" (Isaías: capítulo 1, versículo 18). Este versículo oferece a promessa de purificação e renovação através do arrependimento e do perdão divino.

Superar a vergonha e a culpa não é um caminho linear; é uma jornada contínua de autodescoberta e aceitação. Lembre-se sempre de que você é digno de amor, perdão e uma vida plena. Cada passo que você dá em direção à recuperação é um testemunho de sua força e resiliência. Continue avançando com esperança e determinação, sabendo que a jornada, apesar de desafiadora, é profundamente transformadora.

Capítulo 10: Prevenção de Recaídas

A recuperação de um vício é uma jornada contínua, pode ser marcada por altos e baixos. Um dos desafios mais comuns e temidos durante essa trajetória é a recaída. A recaída não significa fracasso; ao contrário, ela pode ser uma parte natural do processo de recuperação e um momento crucial para aprender e crescer. Entender a recaída, identificar gatilhos, manter a motivação e implementar estratégias eficazes são passos essenciais para fortalecer a resiliência e garantir uma recuperação duradoura.

Como foi dito anteriormente que uma das primeiras coisas a entender sobre o processo de recuperação é que ele não é um caminho linear. É uma jornada que pode envolver avanços e retrocessos, e cada pessoa envolvida o experimenta de forma única. A recaída, muitas vezes vista com medo e vergonha, é um fenômeno comum entre aqueles que estão em recuperação. Portanto, reconhecer que a recaída faz parte do processo pode aliviar a carga emocional e ajudar a pessoa a focar em estratégias para superar esses momentos.

A recuperação de um vício pode ser comparada a escalar uma montanha. No início, a subida é íngreme e difícil, exigindo muito esforço e determinação. À medida que se avança, podem surgir momentos de descanso e contemplação, onde se olha para trás e se vê o quão longe já se chegou. No entanto, também há pedras soltas e precipícios que podem fazer com que se escorregue e caia. Esses tropeços não significam que a jornada acabou, mas sim que é necessário reunir forças, avaliar o que causou a queda e continuar subindo. A recaída, nesse contexto, é como uma dessas quedas – um desafio a ser superado com resiliência e aprendizado.

A recaída pode ocorrer por diversas razões, incluindo a exposição a gatilhos, falta de motivação, estresse e ausência de envolvimento social. Identificar e compreender esses fatores é crucial para desenvolver um plano eficaz de prevenção. Neste capítulo, exploraremos detalhadamente o que é uma recaída, as razões pelas quais ela ocorre e como ela pode ser prevenida. Também discutiremos como lidar com uma recaída quando ela ocorre, transformando-a em uma oportunidade de aprendizado e crescimento.

A jornada de recuperação exige não apenas força de vontade, mas também uma compreensão profunda de si mesmo e dos fatores que influenciam o comportamento aditivo. Manter a motivação durante momentos difíceis e implementar estratégias práticas para evitar recaídas são componentes essenciais para uma recuperação bem-sucedida. Além disso, o apoio ou o envolvimento social e a prática do autocuidado desempenham papéis fundamentais na manutenção da sobriedade.

Um aspecto fundamental da prevenção de recaídas é a identificação e o gerenciamento de gatilhos. Gatilhos são estímulos que podem levar a comportamentos aditivos, e eles variam de pessoa para pessoa. Podem ser internos, como emoções e pensamentos, ou externos, como ambientes e situações sociais. Compreender seus próprios gatilhos é essencial para desenvolver estratégias eficazes de enfrentamento.

Manter a motivação é outro componente altamente eficaz na recuperação. Durante a jornada, haverá momentos de tentação e desânimo. Ter estratégias claras para manter a motivação pode fazer a diferença entre continuar no caminho da recuperação e sucumbir a uma recaída. Isso inclui estabelecer metas realistas, celebrar pequenas vitórias e lembrar constantemente das razões pelas quais a recuperação é importante.

A resiliência, a capacidade de se recuperar de dificuldades, também é fundamental. A construção da resiliência envolve a adoção de hábitos saudáveis, a busca de apoio e envolvimento social e o desenvolvimento de uma mentalidade positiva. Pessoas resilientes são capazes de enfrentar desafios com mais eficácia e têm maior probabilidade de se recuperar rapidamente de recaídas.

Prevenir recaídas requer um planejamento cuidadoso e a implementação de estratégias eficazes. Isso pode incluir a criação de um plano de prevenção de recaídas, que abrange a identificação de gatilhos, o desenvolvimento de estratégias de enfrentamento e a construção de um sistema de apoio robusto.

Mesmo com todos os esforços para prevenir recaídas, elas ainda podem acontecer. Quando ocorrem, é crucial saber como lidar com elas de maneira construtiva. Isso envolve reconhecer a recaída sem se culpar excessivamente, analisar o que levou a ela e implementar mudanças para evitar que o mesmo aconteça no futuro. A recaída pode ser vista como uma oportunidade de aprendizado, um momento para reajustar estratégias e fortalecer a determinação na jornada de recuperação.

A espiritualidade desempenha um papel vital na prevenção de recaídas e na recuperação do vício. A fé oferece um sentido de propósito e direção, além de um sentimento de conexão com Deus, alguém infinitamente maior do que nós mesmos e que, na essência, tem pensamentos de paz a nosso respeito. Práticas espirituais, como a oração, a meditação e a participação em comunidades de fé, podem fornecer suporte emocional e espiritual imprescindível durante a recuperação. Versículos bíblicos e ensinamentos espirituais podem oferecer conforto e orientação, ajudando a fortalecer a resiliência e a motivação.

A recuperação é uma jornada de autodescoberta e crescimento. Cada passo, cada desafio superado, é um testemunho de força e resiliência. Compreender e enfrentar a recaída é uma parte vital dessa jornada, permitindo que cada pessoa avance com maior confiança e esperança. Nosso objetivo aqui é oferecer um guia abrangente e envolvente que ajude a entender melhor a dinâmica da recaída e a desenvolver ferramentas para uma recuperação mais forte e resiliente.

Entendendo a Recaída

O processo de recuperação pode ser visto como um ciclo que inclui várias etapas: pré-contemplação, contemplação, preparação, ação, manutenção e, às vezes, recaída. Compreender esse ciclo pode ajudar as pessoas a reconhecerem onde estão em sua jornada e quais passos podem ser necessários para avançar.

Pré-contemplação: Nesta fase, a pessoa pode não reconhecer que tem um problema com vício ou pode minimizar a gravidade do problema. A conscientização é o primeiro passo para a mudança.

Contemplação: A pessoa começa a reconhecer o problema e a considerar a possibilidade de mudança. Esta fase envolve pesar os prós e contras da mudança.

Preparação: A pessoa se prepara para a mudança, estabelecendo metas e planejando ações concretas.

Ação: Nesta fase, a pessoa toma medidas significativas para mudar, como buscar tratamento, participar de grupos de apoio e adotar novos comportamentos saudáveis.

Manutenção: O foco nesta fase é manter os novos comportamentos e evitar a recaída. Isso pode envolver a prática contínua de estratégias de enfrentamento e a participação em redes de apoio.

Recaída: Se ocorrer uma recaída, a pessoa retorna a uma das fases anteriores, dependendo da gravidade da recaída e da resposta ao incidente. A recaída pode ser vista como uma oportunidade de aprendizado e ajuste de estratégias. O ciclo de mudança inclui recaídas como parte integrante, permitindo que as pessoas aprendam com suas experiências e se fortaleçam para o futuro.

A recaída é definida como um retorno ao comportamento aditivo após um período de abstinência. O reconhecimento da recaída como um fenômeno comum e previsível pode ajudar a reduzir a vergonha e a culpa associadas a ela, permitindo uma abordagem mais pragmática e construtiva.

Embora a recaída seja um retrocesso, ela também pode ser uma valiosa oportunidade de aprendizado, em vez de ser vista como um sinal de falha moral ou fraqueza pessoal. Cada recaída oferece insights sobre os gatilhos e as vulnerabilidades que precisam ser abordadas para fortalecer a recuperação. Quais emoções ou situações contribuíram para a recaída? Quais estratégias de enfrentamento poderiam ter sido usadas de forma mais eficaz? Com base nessa análise, ajustes podem ser feitos nas estratégias de prevenção de recaídas.

Identificando Gatilhos

Gatilhos são estímulos que podem provocar um desejo intenso de retornar ao comportamento aditivo. Identificar esses gatilhos é fundamental para desenvolver estratégias eficazes de prevenção de recaídas.

Gatilhos funcionam como pistas condicionadas que, através de associações passadas, despertam memórias e emoções relacionadas ao comportamento aditivo levando à busca de alívio através do vício. Para lidar eficazmente com os gatilhos, é importante primeiro entendê-los.

As emoções negativas, como tédio, solidão, estresse, ansiedade, raiva e frustração, são gatilhos comuns, assim como situações específicas, como estar sozinho em casa, navegar na internet sem rumo ou usar o celular antes de dormir. Pensamentos distorcidos e lugares associados ao consumo de pornografia também podem ser gatilhos.

Para lidar com os gatilhos, você pode adotar diferentes estratégias. Evitar situações, lugares e pessoas que você sabe que são gatilhos é uma opção. Substituir o consumo de pornografia por atividades saudáveis e prazerosas, como praticar exercícios, meditar, ler, ouvir música ou passar tempo com amigos e familiares, dentre outras alternativas. Aprender técnicas de gerenciamento de emoções, buscar apoio em grupos de apoio, terapia e utilizar aplicativos e ferramentas que bloqueiam o acesso a conteúdos pornográficos também são medidas eficazes.

Existem várias ferramentas e técnicas que podem ajudar a identificar gatilhos pessoais e desenvolver estratégias de enfrentamento eficazes.

Uma dessas ferramentas é o diário de gatilhos, uma ferramenta poderosa para quem busca se libertar do vício em pornografia. Trata-se de um registro detalhado de cada episódio de desejo, onde se anota data, hora, local, situação, emoções sentidas, pensamentos e ações tomadas. Ao longo do tempo, o diário revela padrões e gatilhos específicos, permitindo a pessoa entender melhor seus próprios comportamentos e desenvolver estratégias para lidar com eles.

A escrita expressiva pode ajudar as pessoas a identificar e processar emoções e experiências que contribuem para o comportamento aditivo.

Existem aplicativos disponíveis que podem ajudar a monitorar emoções e comportamentos, fornecendo insights sobre padrões de gatilhos. Esses questionários e avaliações também são recursos importantes para identificar gatilhos. Essas ferramentas, que podem ser encontradas online ou impressas, guiam o usuário por uma série de perguntas sobre seus hábitos, histórico e emoções. Ao responder honestamente, é possível descobrir gatilhos que passaram despercebidos e obter um ponto de partida para a autoanálise.

Depois de identificar os gatilhos, é crucial desenvolver estratégias para lidar com eles de forma eficaz. Aqui estão algumas abordagens práticas:

Evitar e Substituir: Sempre que possível, evite gatilhos conhecidos. Substitua atividades ou ambientes que desencadeiam desejos e impulsos por alternativas saudáveis. Por exemplo, se redes sociais são um gatilho, evite-as e opte por atividades que promovam o bem-estar, como exercícios físicos ou hobbies criativos.

Práticas de Mindfulness: Mindfulness pode ajudar a aumentar a consciência dos próprios pensamentos e emoções, permitindo uma resposta mais controlada aos gatilhos. A mindfulness ensina a observar os pensamentos e sentimentos sem julgamento, o que pode reduzir a reatividade a gatilhos.

Redes de Apoio: Construir uma rede de apoio forte pode fornecer suporte emocional e prático quando confrontado com gatilhos. Isso pode incluir amigos, familiares, mentores e grupos de apoio. Ter alguém para ligar quando sentir um desejo pode fazer toda a diferença.

Planejamento Antecipado: Antecipar situações que podem ser desafiadoras e desenvolver um plano de ação. Isso pode incluir ter uma estratégia de saída para eventos sociais, academias, festas ou um conjunto de atividades de enfrentamento prontas para uso.

Técnicas de Grounding: Técnicas de grounding, como focar nos cinco sentidos ou realizar exercícios de respiração profunda, podem ajudar a interromper os pensamentos de desejo e trazer a atenção de volta ao momento presente.

A espiritualidade pode fornecer uma fonte profunda de motivação e força durante a recuperação. A fé pode oferecer um senso de propósito, direção, força e perspectiva, ajudando a resistir aos desejos e a encontrar paz interior, ajudando a manter a motivação mesmo nos momentos mais desafiadores. A espiritualidade pode proporcionar um senso de paz e significado que sustenta a motivação durante a recuperação. Para muitos, as práticas religiosas podem oferecer um senso de propósito e conexão. Isso pode incluir a oração, a leitura de textos sagrados ou a participação em serviços religiosos.

Mantendo a Motivação

A motivação é um dos pilares fundamentais na jornada de recuperação. Ela serve como a força motriz que mantém a pessoa comprometida com seus objetivos, mesmo diante de desafios e tentações. Manter a motivação pode ser particularmente difícil durante momentos de estresse ou quando surgem desejos intensos, mas é essencial para evitar recaídas e promover um progresso contínuo.

Manter a motivação é crucial porque o processo de recuperação é frequentemente longo e desafiador. A motivação para mudar pode flutuar, mas desenvolver estratégias para sustentar essa motivação é vital para o sucesso a longo prazo. Portanto, encontrar maneiras de reforçar e renovar constantemente a motivação pode fazer a diferença entre manter a recuperação e sucumbir a uma recaída.

Vimos várias técnicas eficazes para manter a motivação durante a recuperação. Implementar uma combinação dessas estratégias pode ajudar a sustentar o comprometimento e o progresso.

Definir metas claras e alcançáveis é fundamental para manter a motivação. Essas metas podem ser de curto, médio e longo prazo, proporcionando um senso de direção e propósito. Metas específicas e desafiadoras, mas alcançáveis, podem aumentar significativamente o desempenho e a persistência. Divida metas maiores em etapas menores e celebráveis. Cada conquista, por menor que seja, deve ser reconhecida e comemorada como um passo importante na jornada de recuperação.

Mesmo com as melhores intenções, haverá momentos de crise em que a motivação pode vacilar. Preparar-se para esses momentos com estratégias específicas pode ajudar consideravelmente a manter o foco.

Considerações

A jornada de recuperação do vício em pornografia é um caminho repleto de desafios, mas também de oportunidades para crescimento e autodescoberta. Este capítulo destacou a importância de entender a recaída como uma parte natural e previsível do processo de recuperação, oferecendo uma perspectiva que promove a autocompaixão e a resiliência.

A identificação de gatilhos é um passo fundamental para a prevenção de recaídas no vício. Compreender os gatilhos internos e externos que podem levar ao comportamento aditivo permite que as pessoas desenvolvam estratégias eficazes de enfrentamento. Manter a motivação é igualmente crucial, e isso pode ser alcançado através de práticas como a definição de metas realistas e princípios apresentados ao longo desta como a visualização do sucesso, a prática da gratidão e o autocuidado. A construção e manutenção de uma rede de apoio robusta também desempenham um papel essencial.

As estratégias de prevenção de recaídas discutidas neste capítulo, incluindo o planejamento antecipado, práticas de mindfulness, engajamento em atividades saudáveis e o desenvolvimento de habilidades de enfrentamento, fornecem um arsenal de ferramentas que podem ajudar a sustentar a recuperação. Quando uma recaída ocorre, é importante lidar com ela de maneira construtiva, analisando as causas e ajustando as estratégias de prevenção.

A espiritualidade pode oferecer um suporte emocional e psicológico profundo durante a recuperação. A fé proporciona um sentido de propósito e direção, além de um sentimento de conexão com Deus. Versículos bíblicos e práticas espirituais podem ajudar a fortalecer a resiliência e a motivação.

Em última análise, a recuperação é uma jornada contínua que exige determinação, paciência, perseverança e coragem. Cada desafio superado e cada passo dado na direção certa são testemunhos da força e da resiliência da pessoa. Compreender e enfrentar a recaída é uma parte vital dessa jornada, permitindo que cada pessoa avance com maior confiança e esperança.

Capítulo 11: Mantendo a Esperança

A jornada de recuperação do vício em pornografia é desafiadora, repleta de altos e baixos, e muitas vezes pode parecer um caminho solitário. No entanto, um elemento vital que sustenta e impulsiona essa jornada é a esperança. A esperança não é apenas um sentimento passageiro; é uma força poderosa que nos mantém firmes e nos dá a coragem necessária para enfrentar as dificuldades. É a luz no fim do túnel que ilumina o caminho, mesmo quando tudo ao redor parece escuro.

Manter a esperança viva é fundamental para quem está lutando contra o vício. A esperança pode impulsionar a resiliência e a determinação, permitindo que cada pessoa veja além dos obstáculos imediatos e visualize um futuro melhor e mais saudável. Como disse Viktor Frankl, psiquiatra e sobrevivente do Holocausto: "Quando não podemos mais mudar uma situação, somos desafiados a mudar a nós mesmos." A esperança nos desafia a olhar para dentro de nós mesmos, a encontrar forças em nossa fraqueza e a continuar avançando, mesmo quando a jornada se torna árdua.

A esperança atua como um combustível emocional, renovando nossas energias e incentivando-nos a não desistir. Durante a recuperação do vício, momentos de fraqueza e vulnerabilidades são inevitáveis, mas é a esperança que nos ajuda a levantar e seguir em frente. De acordo com estudos da psicologia positiva, a esperança está fortemente correlacionada com a resiliência e o bem-estar geral. Ela não apenas melhora nossa capacidade de enfrentar adversidades, mas também nos ajuda a manter uma perspectiva otimista e proativa sobre o futuro.

Estamos abordando a importância da esperança na recuperação do vício em pornografia. A esperança não é uma solução mágica que faz os problemas desaparecerem, mas é uma atitude mental que nos permite enfrentar desafios com coragem e determinação. A esperança é uma combinação de acreditar que você tem o poder de realizar suas metas e de criar rotas para alcançá-las.

Reflexões sobre a importância de manter a esperança durante a jornada de recuperação são cruciais para entender como essa força pode impulsionar a resiliência e a determinação. Quando mantemos a esperança viva, conseguimos visualizar um futuro livre do vício e tomamos as ações necessárias para tornar essa visão uma realidade. A esperança nos proporciona um senso de propósito e direção, fundamentais para sustentar o progresso ao longo da recuperação.

A esperança pode servir como um guia durante a jornada de recuperação, iluminando o caminho a seguir. A esperança não apenas nos motiva a seguir em frente, mas também nos orienta em momentos de indecisão e incerteza. A esperança pode ser um farol que ilumina cada passo do caminho, oferecendo clareza e propósito.

A espiritualidade é a chama que desempenha um papel vital e único na manutenção da esperança. A fé em Deus é algo maior do que nós mesmos e pode fornecer um alicerce sólido de esperança inabalável. "Por que você está assim tão triste, ó minha alma? Por que está assim tão perturbada dentro de mim? Ponha a sua esperança em Deus! Pois ainda o louvarei; ele é o meu Salvador e o meu Deus." (Salmos: capítulo 42, versículo 11)

A Importância da Esperança

A esperança é mais do que um simples desejo de que as coisas melhorem; é a crença sólida de que a mudança é possível e de que vale a pena lutar por ela. Para aqueles que estão lutando contra o vício, a esperança é uma força vital que pode transformar desespero em determinação. A esperança envolve a vontade de alcançar metas e a capacidade de encontrar caminhos para essas metas.

Manter a esperança viva durante a recuperação é crucial porque ela serve como um catalisador para a resiliência. A esperança proporciona a energia espiritual, mental e emocional necessária para enfrentar os desafios diários e continuar a lutar, mesmo quando a tentação é forte. Em termos práticos, a esperança pode motivar uma pessoa a seguir um plano de tratamento, a participar de grupos de apoio e a adotar novas estratégias de enfrentamento.

A resiliência é a capacidade de se recuperar rapidamente de dificuldades. A esperança é um componente fundamental da resiliência porque ela mantém a visão de um futuro positivo, independentemente dos obstáculos presentes. Pessoas com altos níveis de esperança são mais capazes de se adaptar a mudanças e superar adversidades.

Quando enfrentamos desafios, a esperança nos lembra de que cada dificuldade é temporária e que a perseverança nos levará a um lugar melhor. Esta visão positiva ajuda a minimizar o impacto de recaídas e a manter o foco nas metas de longo prazo. A esperança, portanto, não é apenas um sentimento, mas uma estratégia ativa de enfrentamento que promove a persistência e a determinação.

A esperança também desempenha um papel significativo na saúde mental. Ela está associada a níveis mais baixos de ansiedade e depressão e a uma maior satisfação com a vida.

Para aqueles que estão se recuperando do vício, manter um estado de esperança pode ajudar a mitigar os sentimentos de culpa e vergonha que frequentemente acompanham o vício. A esperança oferece uma perspectiva que valoriza o progresso e não apenas a perfeição, permitindo que a pessoa celebre pequenas vitórias e continue a avançar.

Além de proporcionar resiliência e melhorar a saúde mental, a esperança também serve como uma fonte poderosa de motivação. Quando acreditamos que um futuro melhor é possível, estamos mais inclinados a tomar as ações necessárias para tornar essa visão uma realidade

A esperança também nos ajuda a ver cada desafio como uma oportunidade de crescimento. Em vez de nos sentirmos derrotados por contratempos, podemos usar essas experiências para aprender e nos fortalecer. Essa mentalidade de crescimento é essencial para a recuperação do vício, pois nos permite continuar avançando, independentemente dos obstáculos que enfrentamos.

Cultivar a esperança é um processo ativo que requer prática e intenção. A esperança é o fio condutor que mantém a jornada de recuperação coesa. É o que nos faz levantar após uma queda e continuar a lutar, sabendo que cada passo nos aproxima da liberdade. A esperança nos conecta ao nosso potencial e nos lembra de que somos capazes de superar qualquer obstáculo.

No contexto do vício em pornografia, a esperança não apenas sustenta a recuperação, mas também transforma vidas. Ela nos permite ver um futuro onde o vício não mais define quem somos, mas onde somos definidos por nossa força, resiliência e capacidade de mudança, na essência o "Eu Sou" em nossa identidade. A esperança é a coisa com penas que pousa na alma - e canta a melodia sem as palavras - e nunca para. É essa melodia incessante de esperança que desejamos alimentar e fortalecer neste capítulo.

Sempre conectada à fé, a esperança é a maior força motivacional, fonte de toda a resiliência que pode ser despertada dentro de cada pessoa, ela é nossa maior conexão com Deus.

Considerações

A esperança atua como um guia na jornada de recuperação, fornecendo um senso de direção e propósito. Quando mantemos a esperança viva, conseguimos visualizar um futuro onde o vício não mais controla nossas vidas, e isso nos dá a força necessária para continuar lutando. A esperança nos ajuda a tomar decisões que alinham nossas ações com nossos objetivos de recuperação.

Essa jornada é árdua e desafiadora, mas a esperança atua como uma força vital que ilumina o caminho e sustenta a determinação. A esperança não é apenas um sentimento passivo, mas uma atitude ativa que nos capacita a enfrentar os desafios com coragem e resiliência. Ela nos permite ver além dos obstáculos imediatos e visualizar um futuro melhor e mais saudável.

A fé e a espiritualidade desempenham um papel crucial na manutenção da esperança. Elas oferecem uma base sólida e inabalável, proporcionando conforto e encorajamento. Versículos bíblicos e reflexões espirituais lembram-nos de que não estamos sozinhos em nossa luta e que há um poder maior que nos guia e sustenta. A esperança em Deus, como descrito em Hebreus: capítulo 11, versículo 1, "é a certeza daquilo que esperamos e a prova das coisas que não vemos." Esta certeza nos dá a força necessária para continuar, mesmo quando o caminho parece difícil.

Neste capítulo, exploramos a importância da esperança na recuperação do vício em pornografia. Vimos como a esperança pode impulsionar a resiliência, melhorar a saúde mental e servir como uma fonte constante de motivação. Destacamos a importância de manter a esperança viva, independentemente dos desafios enfrentados. Encorajo você a adotar as práticas e estratégias discutidas ao longo dos conteúdos e a manter a esperança como seu guia constante.

Que a esperança e a fé alinhadas com os princípios e fundamentos da neurociência, PNL, psicologia positiva e teologia bíblica-cristã sejam suas guias constantes na jornada de recuperação, iluminando o caminho e proporcionando a força necessária para superar todos os desafios.

Capítulo 12: Encerramento e Reflexões Finais

Chegamos ao final de nossa jornada juntos neste livro, "Harmonia Libertadora: Vencendo a Pornografia com Ciência e Espiritualidade". Ao longo das páginas, exploramos uma abordagem holística e multifacetada para superar o vício em pornografia, integrando conhecimentos de diversas áreas como neurociência, teologia bíblica-cristã, (PNL) programação neurolinguística, psicologia positiva e muito mais. Esta caminhada foi projetada para ser um guia abrangente e prático, destinado a ajudar você a recuperar o controle sobre sua vida e encontrar uma harmonia libertadora.

A jornada de recuperação é repleta de desafios, mas também de momentos de grande crescimento e transformação. Desde o momento em que você decidiu pegar este livro e iniciar sua leitura, você deu um passo corajoso em direção à mudança. Refletir sobre o seu progresso é uma parte essencial desse processo. Pense nas pequenas vitórias, nas barreiras superadas e nas lições aprendidas ao longo do caminho.

A recuperação do vício em pornografia é mais do que simplesmente deixar de consumir conteúdo pornográfico. É uma jornada de autodescoberta e crescimento pessoal. Você aprendeu sobre os mecanismos neurocientíficos que sustentam o vício, a importância de uma rotina consistente de sono, a influência da nutrição e da atividade física, e como técnicas de PNL e psicologia positiva podem transformar sua mentalidade. Além disso, exploramos a força transformadora da espiritualidade, da fé e da comunidade na sustentação de sua recuperação.

Reforçando que a chave para uma recuperação duradoura é a integração contínua das práticas e conhecimentos adquiridos. Este livro não deve ser apenas lido, mas vivido. As estratégias discutidas nos capítulos anteriores são ferramentas que devem ser aplicadas diariamente. Manter um ciclo circadiano regular, praticar atividades físicas, adotar uma alimentação saudável ou nutricional, e usar técnicas de PNL e psicologia positiva são passos que devem se tornar parte integrante de sua rotina. Da mesma forma, a oração, a meditação e o envolvimento com sua comunidade de fé são práticas que fortalecem sua resiliência mental, emocional e espiritual.

Embora este livro esteja terminando, sua jornada de recuperação continua. Este é apenas o começo de uma vida renovada, cheia de possibilidades e esperanças. A cada dia, você terá a oportunidade de aplicar o que aprendeu, enfrentar novos desafios e celebrar novas vitórias. A transformação é um processo contínuo, e cada passo dado é um progresso significativo rumo à liberdade e à renovação pessoal.

Resumo dos Principais Pontos

Capítulo 1: A Neurociência e o Vício:

Neste capítulo, exploramos os fundamentos científicos do vício, focando particularmente no vício em pornografia. Entendemos como o vício afeta a mente e o cérebro, destacando o papel crucial da dopamina e do sistema de recompensa. Discutimos as consequências neurais e comportamentais do vício, revelando o impacto profundo e muitas vezes devastadores desse vício.

Capítulo 2: Teologia Bíblica-Cristã e o Vício:

Este capítulo nos ofereceu uma visão espiritual e teológica sobre o vício. Discutimos a perspectiva bíblica-cristã sobre o vício, incluindo interpretações teológicas clássicas e contemporâneas. Exploramos como a fé pode ser uma ferramenta poderosa na recuperação e a importância da oração, meditação, perdão e graça na jornada de recuperação.

Capítulo 3: PNL e Mudança de Comportamento:

Introduzimos os princípios básicos da PNL (programação neurolinguística) e como eles podem ser aplicados na superação do vício em pornografia. Discutimos técnicas específicas de PNL que ajudam a reprogramar a mente para responder de maneira diferente aos gatilhos e tentações. Foram fornecidos exercícios práticos que você pode começar a usar imediatamente para transformar comportamentos viciantes.

Capítulo 4: Psicologia Positiva e Recuperação:

Neste capítulo, exploramos como a psicologia positiva pode ser aplicada na recuperação do vício. Focamos no desenvolvimento de qualidades positivas como otimismo, gratidão e resiliência. A psicologia positiva ajuda a construir uma mentalidade forte e positiva, essencial para superar o vício e manter a recuperação. Foram sugeridos exercícios práticos de psicologia positiva para serem incorporados em sua vida diária.

Capítulo 5: A Importância do Ciclo Circadiano:

Discutimos como o ciclo circadiano afeta a saúde e o bem-estar, incluindo seu impacto no humor, energia e função cognitiva. Exploramos como a desregulação do ciclo circadiano pode contribuir para o vício e como a sua regulação pode auxiliar na recuperação. Apresentamos técnicas práticas para regular o ciclo circadiano e melhorar a qualidade de vida, promovendo um sono reparador e um funcionamento mental otimizado.

Capítulo 6: A Nutrição e o Vício:

Discutimos a relação entre nutrição e recuperação do vício, destacando como uma alimentação saudável pode apoiar a saúde mental e física. Foram oferecidas sugestões de alimentação saudável que podem ajudar a melhorar o bem-estar geral e apoiar a recuperação do vício.

Capítulo 7: A Importância da Atividade Física:

Exploramos os benefícios da atividade física na recuperação do vício, incluindo como o exercício melhora a saúde do cérebro e do corpo. Oferecemos sugestões de rotinas de exercícios que podem ser facilmente incorporadas ao seu dia a dia, ajudando a fortalecer o corpo e a mente durante a recuperação.

Capítulo 8: Planos de Ação:

Aqui, fornecemos planos de ação detalhados abrangendo várias estratégias para superar o vício em pornografia. Desde o desenvolvimento da autoconsciência e reconhecimento do problema até a construção de autoestima e confiança, cada plano foi projetado para oferecer um caminho claro e prático para a recuperação.

Capítulo 9: Lidando com a Vergonha e a Culpa:

Neste capítulo, abordamos os sentimentos de vergonha e culpa, comuns em pessoas que lutam contra o vício. Oferecemos técnicas para lidar com esses sentimentos, promovendo a autocompaixão e o perdão. Também foram fornecidos exercícios práticos acrescidos de citações que reforçam a espiritualidade saudável para apoiar esse processo.

Capítulo 10: Prevenção de Recaídas:

Discutimos estratégias para prevenir recaídas, incluindo a identificação de gatilhos, a manutenção da motivação e como lidar com recaídas quando elas ocorrem. A ênfase foi em desenvolver um plano de prevenção eficaz e sustentável, garantindo que você esteja preparado para enfrentar desafios futuros.

Capítulo 11: Mantendo a Esperança:

A importância da esperança foi explorada neste capítulo. O foco foi salientar as considerações que ofereceram uma reflexão sobre a jornada de recuperação. O objetivo foi dar um encorajamento contínuo para manter a esperança viva em seu coração.

Capítulo 12: Encerramento e Reflexões Finais:

Este capítulo final serve como uma recapitulação e um reforço de tudo o que você aprendeu e praticou ao longo do livro. A jornada de recuperação é contínua, e cada etapa abordada nos capítulos anteriores é uma parte essencial desse processo. Lembre-se de que a transformação é possível e que cada pequena vitória conta. A recuperação é uma maratona, não uma corrida de velocidade, e com as ferramentas e estratégias certas, você pode alcançar uma vida de liberdade e plenitude.

Reflexão sobre a Jornada

Ao chegar ao final deste livro, é importante parar e refletir sobre o progresso que você fez até agora. Cada página lida, cada exercício praticado e cada insight obtido são passos significativos em sua jornada de recuperação. Esses marcos são a prova de sua determinação e coragem para enfrentar o vício.

Reserve um tempo para refletir sobre as mudanças que ocorreram desde o início desta jornada. Pergunte a si mesmo: Como minha percepção sobre o vício mudou? Quais foram as estratégias mais eficazes para mim? Que mudanças positivas observei em minha vida, tanto mental quanto emocionalmente e espiritual?

Além de superar o vício ou aprender sobre ele, considere como esta jornada contribuiu para o seu desenvolvimento pessoal e espiritual. A recuperação não apenas alivia o comportamento viciante, mas também promove um crescimento interior significativo. Reflita sobre como sua fé foi fortalecida, como suas relações melhoraram e como sua visão de si mesmo evoluiu positivamente.

Agora que você concluiu este livro, é hora de planejar seus próximos passos. Identifique quais práticas você deseja continuar e como integrá-las em sua rotina diária. Pense nas áreas que ainda precisam de atenção e crie um plano estratégico para abordá-las. Lembre-se de que a jornada de recuperação é contínua e que cada dia oferece uma nova oportunidade para crescer e melhorar.

Você é capaz de transformar sua vida. Acredite em sua capacidade de superar o vício e se comprometa a seguir em frente, um dia de cada vez. Com determinação, apoio e as estratégias certas, você pode alcançar a liberdade e viver uma vida plena e satisfatória. A jornada é longa, na verdade trata-se de um processo, mas cada passo vale a pena.

Mensagem Final de Gratidão

Antes de tudo, quero expressar minha profunda gratidão a você, leitor, por embarcar nesta jornada de transformação. Sua coragem para enfrentar o vício em pornografia e seu compromisso com a recuperação são inspiradores. Este livro foi escrito para apoiar e guiar você em cada etapa desse processo, e é gratificante saber que você chegou até aqui. Obrigado por confiar neste trabalho e por se dedicar a mudar sua vida para melhor.

Este livro é uma culminação de esforços colaborativos e uma manifestação de um compromisso compartilhado com a cura e o crescimento pessoal. Obrigado a todos que fizeram parte desta jornada, direta ou indiretamente. Juntos, podemos fazer a diferença e ajudar muitas pessoas a encontrar liberdade e harmonia em suas vidas

Metáfora: O Jardim da Renovação

Imagine que sua vida é como um jardim. No início, pode haver áreas negligenciadas, ervas daninhas e solo pouco fértil. O vício em pornografia pode ser comparado a uma praga que suga a vitalidade de seu jardim, impedindo que ele floresça plenamente. No entanto, com cuidado, paciência e as ferramentas certas, é possível transformar esse jardim em um espaço vibrante e cheio de vida.

A primeira etapa na transformação de um jardim é preparar o solo. Da mesma forma, em sua jornada de recuperação, é essencial preparar sua mente e seu espírito para a mudança. Isso envolve reconhecer a necessidade de transformação e estar disposto a investir tempo e esforço. Preparar o solo significa também limpar as ervas daninhas, que são os comportamentos e pensamentos negativos que alimentam o vício.

Com o solo preparado, é hora de plantar novas sementes. Cada prática que você adotou ao longo deste livro representa uma semente plantada em seu jardim. As técnicas de PNL, os exercícios de psicologia positiva, as rotinas de sono e alimentação saudável, as atividades físicas, e as práticas espirituais são sementes que, com o tempo, crescerão e florescerão.

Um jardim exige cuidados diários para prosperar. Isso inclui regar, fertilizar e proteger as plantas de pragas. Da mesma forma, sua recuperação requer um compromisso contínuo com as práticas e estratégias que você aprendeu. A aplicação diária dessas técnicas é crucial para garantir que sua recuperação seja sólida e sustentável.

Com dedicação e paciência, as sementes começam a germinar, e você vê os primeiros sinais de crescimento. Em sua vida, isso se manifesta como pequenas vitórias e melhorias. Talvez você perceba uma maior capacidade de resistir a gatilhos, uma melhora na autoestima ou um fortalecimento em suas relações. Essas mudanças são sinais de que seu jardim está começando a florescer.

Mesmo os jardins mais bem cuidados enfrentam tempestades. Ventos fortes e chuvas torrenciais podem causar danos temporários, mas não devem ser motivo para desistir. Em sua jornada de recuperação, você também enfrentará desafios e momentos difíceis. O importante é lembrar que as tempestades são passageiras e que, com resiliência, seu jardim pode se recuperar e continuar a crescer.

Com o tempo e os cuidados constantes, seu jardim não só florescerá, mas também começará a produzir frutos. Esses frutos representam os benefícios duradouros de sua recuperação: uma mente clara, relações saudáveis, uma autoestima elevada e uma vida plena cheia de propósito e significado. A colheita é a recompensa por todo o esforço investido.

A jornada de recuperação é contínua, assim como o cuidado com um jardim. Mesmo após a colheita, é necessário continuar cuidando do solo, plantando novas sementes e enfrentando novas estações. Da mesma forma, mesmo após alcançar uma recuperação estável, é essencial continuar aplicando as práticas aprendidas e buscando crescimento pessoal e espiritual.

Seu jardim de renovação está em suas mãos. Cada prática, cada esforço, cada momento de reflexão é uma parte crucial deste processo. Continue cultivando seu jardim com amor e dedicação, e ele florescerá de maneiras que você talvez nunca tenha imaginado. A jornada pode ser longa, mas a beleza e a paz que você encontrará ao longo do caminho fazem cada passo valer a pena.

Deus sempre te abençoe!

Eder G. Costa

www.edergcosta.com.br

Referências

Ciclo Circadiano

ANISTON, Jennifer; ASPREY, Dave. *O Livro de Receitas do Ritmo Circadiano: Receitas para Redefinir seu Relógio Interno e Otimizar sua Saúde*. São Paulo: Editora Sextante, 2023.

FOSTER, Russell; KREITZMAN, Leon. *Ritmos da Vida: Como o Nosso Relógio Biológico Rege a Vida, o Amor, a Saúde e a Felicidade*. Rio de Janeiro: Rocco, 2017.

PANDA, Satchin. *O Código Circadiano do Diabetes: Descubra a Hora Certa de Comer, Dormir e se Exercitar para Prevenir e Reverter o Pré-diabetes e o Diabetes Tipo 2*. Rio de Janeiro: Editora Rocco, 2024.

SMOLENSKY, Michael H.; LAMBERG, Lynne. *O Relógio do Corpo*. Rio de Janeiro: Rocco, 2001.

Filosofia

ARISTÓTELES. Ética a Nicômaco. Tradução de Leonel Vallandro e Gerd Bornheim. São Paulo: Abril Cultural, 1979.

Logoterapia

FRANKL, Viktor E. *Em Busca de Sentido: Um Psicólogo no Campo de Concentração*. Tradução de José Angelo Gaiarsa. 60ª ed. São Paulo: Editora Vozes, 2020.

Neurociência

BARRETT, Lisa Feldman. *Sete Lições e Meia Sobre o Cérebro*. São Paulo: Companhia das Letras, 2021.

DAMÁSIO, António R. *O Erro de Descartes: Emoção, Razão e o Cérebro Humano*. São Paulo: Companhia das Letras, 1996.

DOIDGE, Norman. *O Cérebro que se Transforma: Neuroplasticidade*. Rio de Janeiro: Record, 2007.

HERCULANO-HOUZEL, Suzana. *O Cérebro Nosso de Cada Dia: Descobertas da Neurociência Sobre a Vida Cotidiana*. Rio de Janeiro: Vieira & Lent, 2002.

KAHNEMAN, Daniel. *Rápido e Devagar: Duas Formas de Pensar*. Rio de Janeiro: Objetiva, 2012.

KANDEL, Eric R. *Em Busca da Memória: O Nascimento de uma Nova Ciência da Mente*. São Paulo: Companhia das Letras, 2009.

SETH, Anil. *Being You: Uma Nova Ciência da Consciência*. São Paulo: Editora Schwarcz, 2022.

PNL (Programação Neurolinguística)

BANDLER, Richard. *A Magia em Ação: Técnicas de PNL para Mudar a sua Vida*. São Paulo: Summus, 1999.

DERKS, Lucas; DELOZIER, Judith. *A Essência da PNL: Programação Neurolinguística*. São Paulo: Summus, 1997.

HOOBYAR, Tom. *PNL: O Guia Essencial da Programação Neurolinguística*. São Paulo: Paulus, 2019.

MOLDEN, David. *Como Dominar suas Emoções com a PNL: Estratégias Poderosas para Ajudá-lo a Eliminar Sentimentos Negativos e Criar a Vida que Você Deseja*. São Paulo: Editora Pensamento, 2023.

O'CONNOR, Joseph. *Introdução à PNL: Como ver o Mundo com Outros Olhos*. São Paulo: Novo Século, 2008.

READY, Romilla. *PNL para Leigos*. Rio de Janeiro: Alta Books, 2011.

READY, Romilla; BURTON, Kate. *Programação Neurolinguística para Leigos*. Rio de Janeiro: Alta Books, 2022.

Psicologia Positiva

FREDRICKSON, Barbara L. *O Poder Transformador das Emoções Positivas*. Rio de Janeiro: Objetiva, 2009.

GROTBERG, Edith. *Resiliência: Como Superar Pressões e Adversidades*. São Paulo: Artmed, 2006.

KAUFMAN, Scott Barry. *Transcendência: Em Busca de Sentido e Propósito na Era da Inteligência Artificial*. São Paulo: Cultrix, 2021.

SELIGMAN, Martin E. P. *Felicidade Autêntica*. Rio de Janeiro: Objetiva, 2011.

SELIGMAN, Martin E. P. *Florescer: Uma Nova Compreensão da Felicidade e do Bem-Estar*. Rio de Janeiro: Objetiva, 2011.

SELIGMAN, Martin E. P. *O Circuito da Esperança: A Jornada de um Psicólogo da Desesperança ao Otimismo*. São Paulo: Objetiva, 2019.

VÁZQUEZ, Carmelo; HERVÁS, Gonzalo. *Psicologia Positiva: Teoria e Prática*. Porto Alegre: Artmed, 2008.

Sites

ABP Associação Brasileira de Psiquiatria. Disponível em: https://www.abp.org.br/. Acesso em: 20 jun. 2024.

CELEBRATE RECOVERY. Celebrate Recovery. Disponível em: https://www.celebraterecovery.com/. Acesso em: 20 jun. 2024.

GLOBO. 22 milhões de brasileiros assumem consumir pornografia, e 76% são homens, diz pesquisa. G1, 2021. Disponível em: https://g1.globo.com/pop-arte/noticia/22-milhoes-de-brasileiros-assumem-consumir-pornografia-e-76-sao-homens-diz-pesquisa.ghtml. Acesso em: 20 jun. 2024.

ORGANIZAÇÃO MUNDIAL DA SAÚDE. Diretrizes sobre atividade física e comportamento sedentário. Genebra: OMS, 2020. Disponível em: https://www.paho.org/pt/topicos/atividade-fisica. Acesso em: 22 jun. 2024.

Teologia Bíblica Cristã

AGOSTINHO, Aurélio (Santo Agostinho). *Confissões*. Tradução de J. Oliveira Santos, S.J. e A. Ambrósio de Pina, S.J. São Paulo: Editora Nova Cultural, 2004. (Coleção Os Pensadores).

BÍBLIA. *Bíblia Sagrada: Nova Versão Internacional.* 3ª ed. São Paulo: Editora Vida, 2020.

GRUDEM, Wayne. *Teologia Sistemática: Uma Introdução à Doutrina Bíblica.* São Paulo: Vida Nova, 2000.

LEWIS, C. S. *Cristianismo Puro e Simples. Tradução de Álvaro Oppermann e Marcelo Brandão Cipolla. 2. ed.* São Paulo: Martins Fontes, 2009.

MACKIE, Tim; COLLINS, Jon. *O Projeto Bíblia: Uma Jornada Visual Através da Bíblia.* São Paulo: Editora Vida, 2023.

MACARTHUR, John. *Graça e Fé: Uma Introdução Bíblica.* São Paulo: Hagnos, 2018.

PACKER, J. I. *O Conhecimento do Deus Santo.* São Paulo: Cultura Cristã, 2016.

WARREN, Rick. *Uma vida com propósitos: para que estou na terra?. Tradução de James Monteiro. 2. ed.* São Paulo: Editora Vida, 2022.